Photoshop
电商设计与
产品精修实战
（微视频版）

梁春晶　主编

清华大学出版社
北京

内 容 简 介

本书作者将自己多年来在电商设计和产品修图行业的工作经验全盘托出，从 Photoshop 软件所必备的技术到修图时如何认识图片、观察图片的细节，再到不同分类的图片处理方法，公开了大量业内不为人知的修图诀窍。另外，本书赠送案例同步微视频、案例的素材和最终效果文件、PPT 课件、Photoshop 视频教学录像以及画笔库、形象库、渐变库、样式库、动作库等。

本书适合需要快速掌握软件操作和产品修图处理方法的广大电商美工；也适合广大平面设计爱好者，有一定设计经验需要进一步提高图像处理、平面设计水平的相关行业从业人员使用；还可作为各类计算机培训学校、大中专院校的教学辅导用书。

本书封面贴有清华大学出版社防伪标签，无标签者不得销售。

版权所有，侵权必究。举报：010-62782989，beiqinquan@tup.tsinghua.edu.cn。

图书在版编目（CIP）数据

Photoshop电商设计与产品精修实战：微视频版/梁春晶主编. —北京：清华大学出版社，2022.4
ISBN 978-7-302-60133-3

Ⅰ. ①P… Ⅱ. ①梁… Ⅲ. ①图像处理软件－教材 Ⅳ. ①TP391.413

中国版本图书馆CIP数据核字（2022）第025895号

责任编辑：张　敏
封面设计：郭二鹏
责任校对：胡伟民
责任印制：丛怀宇

出版发行：清华大学出版社
　　　　网　　　　址：http://www.tup.com.cn，http://www.wqbook.com
　　　　地　　　　址：北京清华大学学研大厦A座　　　邮　　编：100084
　　　　社　总　　机：010-83470000　　　　　　　　　邮　　购：010-62786544
　　　　投稿与读者服务：010-62776969，c-service@tup.tsinghua.edu.cn
　　　　质　量　反　馈：010-62772015，zhiliang@tup.tsinghua.edu.cn
　　　　课　件　下　载：http://www.tup.com.cn，010-83470236
印　装　者：涿州汇美亿浓印刷有限公司
经　　　销：全国新华书店
开　　　本：185mm×260mm　　　印　　张：14　　　　字　　数：380千字
版　　　次：2022年6月第1版　　　印　　次：2022年6月第1次印刷
定　　　价：99.00元

产品编号：093823-01

前言

本书是学习 Photoshop 商业修图技术的高级自学教程。书中全面、系统地讲解了 Photoshop 在商业修图中的操作方法及应用技巧，涵盖了 Photoshop 的所有重要工具、面板和菜单命令。全书共 7 章，从最专业的 Photoshop 的修图应用开始讲起，以循序渐进的方式逐步深入抠图、产品瑕疵精修、调色、人像模特修图、商业海报设计、店铺界面设计等 Photoshop 商业修图处理技术。

⊙ 写作特点

本书采用知识点 + 实战案例的形式，通过精心安排的实例，将 Photoshop 的操作方法与应用案例完美结合，读者可以在动手实践的过程中轻松掌握各种商业修图处理技术，完成案例的操作之后，还可以在参数解读部分了解相关 Photoshop 功能的具体解释说明，从而做到即学即用，避免了在学习过程中走弯路。

本书实例精彩、类型丰富，其中既有 Photoshop 软件的操作实例，又有抠图、调色、修图技巧、质感、海报、界面设计等 Photoshop 应用实例，不仅可以帮助初学者掌握 Photoshop 的使用技巧，更能有效应对数码照片处理、平面设计、网页设计、特效制作等实际工作任务。

⊙ 版面特点

本书版式设计清晰、明快，读者在阅读时能轻松、顺畅。提示、知识补充等环节不仅突出了学习重点，还拓展了知识范围。

⊙ 适用范围

本书适合电商设计师、专业修图师，以及从事平面设计、网页设计、三维动画设计、影视广告设计、影楼后期工作的人员学习参考。

⊙ 本书配套资源

（1）本书案例的同步微视频（扫描书中对应的二维码获取）。

（2）本书案例的素材。

（3）其他资源：海量设计资源和学习资料，包括 Photoshop 视频教学录像以及画笔库、形象库、渐变库、样式库、动作库等。

（4）本书配套 PPT 课件。

读者朋友可扫描下方二维码下载获取案例素材、其他资源和本书配套 PPT 课件。

| 案例素材 1 | 案例素材 2 |

| 其他资源 | PPT 课件 |

本书由梁春晶主编，在本书编写过程中力求严谨，由于时间有限，疏漏之处在所难免，望广大读者批评指正。

目录

第 1 章

Photoshop 在电商修图中的应用

本章主要通过照片对比的方式展示 Photoshop 能够帮助用户解决哪些修片问题。在实际应用中，Photoshop 电商修片主要实现以下功能。

（1）解决原始照片的颜色缺陷（调色）。

（2）根据创作意图改变图像整体或局部的瑕疵（修图）。

（3）提取图片素材（抠图）。

（4）特殊效果的处理（特效）。

（5）对图片进行创意合成，改变图片的意境（合成）。

1.1 电商设计

Photoshop 拥有强大的图片修图功能，可以有效地改变局部和整体效果。通常人们所说的 P 图就是从 Photoshop 而来。有些摄影师拒绝图片的后期处理，把 P 图说成是"艺术造假"，其实这是变废为宝的过程，不懂后期处理，废片永远是废片。

作为电商设计师，不但要学会产品修图，更要将人像、合成学好，以应对日后更高的顾客需求（很多电商在合成方面都有需求）。

1.1.1 整体意境处理

整体调色较为简单，将图像整体色调进行调整，然后用合成、混合模式或局部擦除等方法进行叠加处理，就可以将照片的意境进行改变。图 1.1 为一组时尚广告杂志设计。

图 1.1

图 1.2 为电商产品修图及合成的素材与成品对比。

图 1.2

1.1.2　模特皮肤处理

用 Photoshop 对模特的肤色进行修图，可以美化人物，提升设计质量。在一般情况下，除了将肤色进行颜色调整外，还要进行修形、修脏、修光影结构等工作。图 1.3 为面部皮肤修图的素材与成品对比。

图 1.3

1.1.3 黑白照片处理

　　色彩总是无法像黑白照片那样具有视觉冲击力，因为各种色彩会影响图像的视觉传达，此时就需要通过 Photoshop 将彩色照片处理成黑白照片。图 1.4 为一组黑白时尚大片。

图 1.4

图 1.5 为服装设计黑白效果处理。

图 1.5

1.1.4　商业广告修图

　　广告就是利用别出心裁的符号组合来传达信息，把原本不相干的图像和符号合成在同一空间里，让人有耳目一新的感受。图像合成技术在广告设计中的运用非常广泛，在日常生活中，人们随时都可以接触到广告中所应用到的合成技术，因为它不仅超越了绘画和摄影中的不足之处，还能带给人们强烈的视觉冲击力。图 1.6 为一组化妆品和时装广告修图效果。

图 1.6

图 1.7 为电商产品与模特合成的成品图。

图 1.7

1.1.5 杂志大片修图

很多设计师都会选择用拍摄 + 后期处理的方法来设计广告大片或电影大片，Photoshop 软件能让设计师的创意熠熠生辉。图 1.8 为杂志大片修图前后的对比效果。

图 1.8

1.2　产品修图

很多设计师都会选择用拍摄＋后期处理的方法来设计产品广告，例如汽车、化妆品或美食菜谱，Photoshop 软件能将产品展现得更加完美。

1.2.1　美食修图

即使使用了完美的布光，拍摄的食物仍然无法达到完美，借助后期制作是设计师交付美食照片的必修课。一般需要将其调节成温馨的暖色调，这样让人看了能够产生好感。图 1.9 为美食摄影后期。

图 1.9

图 1.10 为餐具修图及合成的素材与成品对比。

图 1.10

图 1.11 为食品修图及合成的素材与成品对比。

图 1.11

1.2.2　商品修图

对产品图片进行修图，然后添加特效，能起到画龙点睛的效果。掌握一些简单、实用的调色方法对于平面设计师来说非常必要。图 1.12 为商品修图效果。

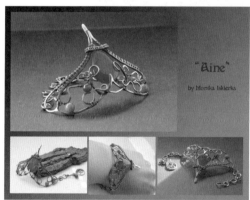
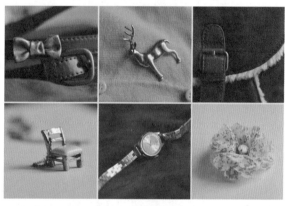

图 1.12

图 1.13 为电商产品修图效果。

图 1.13

| 第 2 章 |

Photoshop 重要的电商修图工具

本章从 Photoshop 的功能出发进行讲解，挑选的功能都是大家在实际工作中经常会用到的功能，也是本书实例中使用频率较高的功能。如果读者没接触过 Photoshop，本章能够帮助读者快速入门。

2.1 软件界面

Photoshop 目前较新的版本是 2021，从 CC 版本到现在，Photoshop 界面的主要功能基本相同，所以读者不必纠结于某一个版本。从 Photoshop 主界面中可以看到用于图像操作的由各种菜单、工具以及面板组成的工作界面，如图 2.1 所示。Photoshop 的界面主要由工具箱、菜单栏、面板等组成，熟练掌握了各组成部分的基本名称和功能，有利于用户轻松自如地对图形图像进行操作。

图 2.1

❶菜单栏：包含了所有 Photoshop 命令。

❷选项栏：可设置所选工具的选项。所选工具不同，提供的选项也有所区别。

❸工具箱：工具箱中包含了用于创建和编辑图像、图稿、页面元素的工具，在默认情况下工具箱停放在窗口的左侧。

❹图像窗口：显示图像的窗口。在标题栏中显示了文件名称、文件格式、缩放比率以及颜色模式等。

❺状态栏：位于图像窗口的下端，显示当前图像文件的大小以及各种信息说明。单击右三角按钮，在弹出的列表中可以自定义文档的显示信息。

❻面板：为了更方便地使用软件的各项功能，Photoshop 将大量功能以面板的形式提供给用户。

不同颜色界面的外观：在 Photoshop 中，用户可以设置不同的界面颜色，使界面的外观表现出不同的风格，如图 2.2 所示。

图 2.2

2.2 Photoshop 的工具箱

启动 Photoshop 后，工具箱会默认显示在屏幕的左侧。工具箱中列出了 Photoshop 中的常用工具，通过这些工具，用户可以输入文字，选择、绘制、编辑、移动、注释和查看图像，或者对图像进行取样，还可以更改前景色和背景色，以及在不同的模式下工作。另外，用户可以展开右下角带有小三角的工具，以查看其后面隐藏的工具。将鼠标指针放在工具图标上，将出现工具名称和快捷键的提示，如图 2.3 所示。

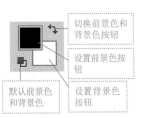

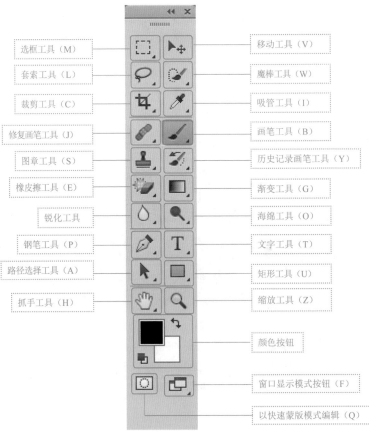

图 2.3

单击工具箱中的一个工具图标即可选择该工具，右下角带有小三角表明该工具下含有隐藏工具，在这样的工具图标上按住鼠标左键即可显示隐藏的工具，然后移动鼠标指针即可选择该工具，如图 2.4 所示。

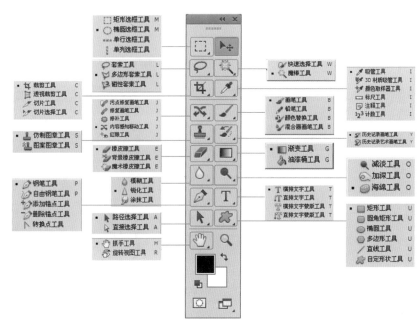

图 2.4

2.3　移动工具

移动工具在工具箱中的第一排。

移动工具可以移动、复制图层。

移动工具的操作　移动工具主要用来移动和复制图层，配合 Shift 键还可以沿着水平、垂直方向移动。

Step 01 打开文件　打开素材文件，选择工具箱中的移动工具，将人物所在的图层选中，如图 2.5 所示。

Step 02 水平拖曳　使用移动工具在图像上拖曳可移动人物的位置，按住 Shift 键可实现水平拖曳，如图 2.6 所示。

图 2.5

图 2.6

Step03 复制人物　在按住 Alt 键的同时使用移动工具拖曳，可以将人物所在图层进行复制，如图 2.7 所示。

Step04 自由变换　选择复制后的人物图层，执行"编辑→自由变换"命令，如图 2.8 所示。

图 2.7

图 2.8

Tips

图层的"不透明度"参数：

"不透明度"用于控制图层、图层组中绘制的像素和形状的不透明度，如果对图层应用了图层样式，则图层样式的不透明度也会受到该值的影响。

Step05 将人物变小　在按住 Shift 键的同时拖曳控制框的边角，将人物变小，如图 2.9 所示。

Step06 降低不透明度　按 Enter 键确认操作，降低该图层的不透明度，使其成为背景，如图 2.10 所示。

图 2.9

图 2.10

2.4　选取类工具

常用选取类工具包括魔棒工具、套索工具和钢笔工具。

选取类工具可以创建一个范围，之后的操作仅对当前图层、当前范围有效。

各选取工具都有自己擅长的领域，下面通过实例进行讲解。

2.4.1　魔棒工具

分析原图：观察到原图中的人物有点偏暗，可以将人物建立为单独的选区，然后进行提亮处理，这样做不影响背景的色调。

Step01 选择魔棒工具　打开素材文件，选择工具箱中的魔棒工具，如图 2.11 所示。

Step02 创建选区　在选项栏中设置容差值为 20，然后在图片的背景上单击，可以创建一个选区，如图 2.12 所示。

图 2.11　　　　　　　　　　　　　　　　　图 2.12

Tips

使用魔棒工具可以快速地在图像上创建与选中颜色相近的区域，设置的容差值越大，选区的范围也越大。

Step03 添加选区　按住 Shift 键单击未被选中的区域，所有的背景区域将被选中，如图 2.13 所示。

Step04 选择反向　右击选区，在弹出的快捷菜单中选择"选择反向"命令，如图 2.14 所示。

Step05 提亮人物　执行该命令后人物被选中，然后执行"图像→调整→曲线"命令，在弹出的"曲线"对话框中调节参数，提亮人物，如图 2.15 所示。

Step06 取消选区　对人物的调整完成后，单击"确定"按钮确认操作，然后按快捷键 Ctrl+D 取消选区，完成效果如图 2.16 所示。

图 2.13　　　　　　　　　　　　图 2.14

图 2.15　　　　　　　　　　　　图 2.16

Tips

因为是先建立选区再调整曲线，所以人物被提亮，但背景没有发生任何变化。

2.4.2　套索工具

分析原图：观察到原图中人物的嘴唇略微有些偏大，可以通过后期处理将人物的嘴唇变小一些，使照片更美观。

Step 01 选择套索工具　打开素材文件，选择工具箱中的套索工具，如图 2.17 所示。

Step 02 建立选区　在人物嘴唇的外围进行拖曳，将嘴唇建立为选区，如图 2.18 所示。

图 2.17　　　　　　　　　　　　图 2.18

Step03 羽化　右击选区，选择"羽化"命令，设置羽化半径为 20 像素，如图 2.19 所示。

Step04 复制选区　按快捷键 Ctrl+J，将选区进行复制，得到"图层 1"图层，如图 2.20 所示。

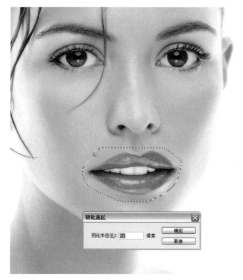

图 2.19

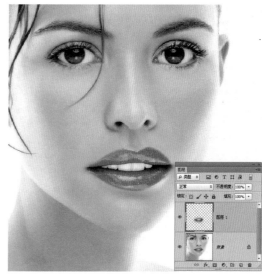

图 2.20

> **Tips**
>
> 　　套索工具适合快速地做不需要非常精确的选区，并且用套索工具做完选区后通常要加一些羽化，羽化可以使调整的区域与周围环境过渡得更自然。

Step05 自由变换　按快捷键 Ctrl+T 自由变换，再按快捷键 Alt+Shift 由中心等比例缩放人物的嘴唇，将人物的嘴唇变小一些，如图 2.21 所示。

Step06 改变颜色　按 Enter 键确认操作，然后执行"图像→调整→色阶"命令，调节参数，改变人物嘴唇的颜色，完成效果如图 2.22 所示。

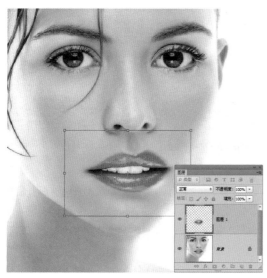

图 2.21

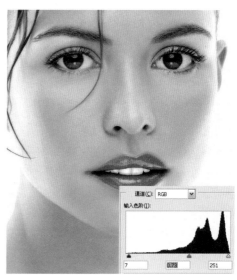

图 2.22

2.4.3 钢笔工具

1. 用钢笔工具画直线

Step01 新建文档　按快捷键 Ctrl+N，新建一个文档，如图 2.23 所示。

Step02 选择钢笔工具，在图像上单击新建锚点，如图 2.24 所示。

Step03 创建直线　在图像的其他位置单击，创建一条直线，如图 2.25 所示。

图 2.23　　　　　　　　　　图 2.24　　　　　　　　　　图 2.25

Step04 在图像上连续单击，即可创建直线，如图 2.26 所示。

Step05 闭合路径　在第一个点上单击，即可闭合路径，如图 2.27 所示。

Step06 转化选区　按快捷键 Ctrl+Enter，将路径转换为选区，如图 2.28 所示。

图 2.26　　　　　　　　　　图 2.27　　　　　　　　　　图 2.28

2. 用钢笔工具画曲线

Step01 创建曲线　选择钢笔工具在图像上拖曳鼠标创建曲线，图中的实心方块为锚点，其上下为方向线，方向线只是用来控制曲线的弧度，不属于曲线的组成部分，如图 2.29 所示。

Step02 在上侧向右拖曳鼠标，即可创建一条曲线，曲线的两端有两个锚点，还有两条方向线，如图 2.30 所示。

Step03 按 Ctrl 键，钢笔会变为白色箭头，此时可以对当前曲线进行调整。拖曳方向线，可以改变曲线的角度及弧度，如图 2.31 所示。

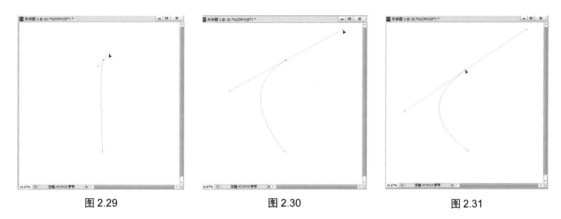

图 2.29　　　　　　　　　图 2.30　　　　　　　　　图 2.31

Step 04 在曲线上拖曳，还可以改变曲线的形状，如图 2.32 所示。

Step 05 改变开口方向　向右拖曳，可以改变曲线的开口方向，如图 2.33 所示。

Step 06 按住 Ctrl 键拖曳锚点，还可以改变曲线的宽度，如图 2.34 所示。

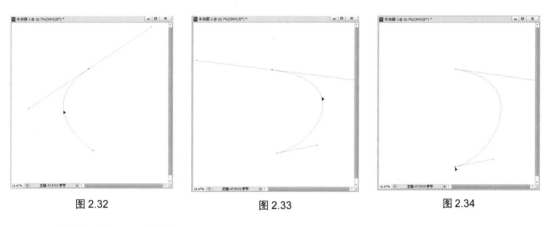

图 2.32　　　　　　　　　图 2.33　　　　　　　　　图 2.34

3. 用钢笔工具画 S 形曲线

Step 01 使用钢笔工具在图像上向右拖曳，创建第一个锚点，如图 2.35 所示。

Step 02 向下拖曳，创建第二个锚点，如图 2.36 所示。

Step 03 向上拖曳，创建第三个锚点，同时得到 S 形曲线，如图 2.37 所示。

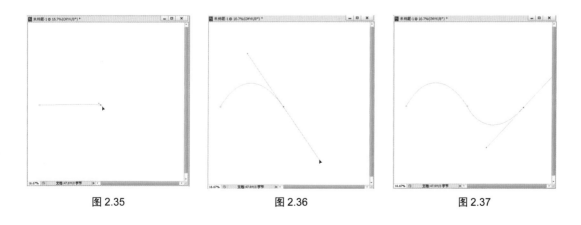

图 2.35　　　　　　　　　图 2.36　　　　　　　　　图 2.37

4. 用钢笔工具画连续拱形

Step 01 使用钢笔工具在图像上向右拖曳，创建第一个锚点，如图 2.38 所示。

Step 02 向下拖曳，创建第二个锚点，得到第一个拱形，如图 2.39 所示。

Step 03 按住 Alt 键，将下方的方向线转到上方，如图 2.40 所示。

图 2.38

图 2.39

图 2.40

Step 04 向下拖曳，得到第二个拱形，如图 2.41 所示。

Step 05 使用同样的方法向下拖曳，得到第三个拱形，如图 2.42 所示。

Step 06 使用同样的方法向下拖曳，得到第四个拱形，如图 2.43 所示。

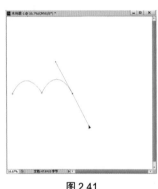

图 2.41

图 2.42

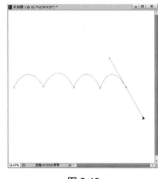

图 2.43

5. 用钢笔工具画直线 + 曲线

Step 01 使用钢笔工具在图像上单击，创建第一个锚点，如图 2.44 所示。

Step 02 在右侧水平方向的位置再次单击，创建第二个锚点，如图 2.45 所示。

Step 03 在第二个锚点上向下拖曳，得到开口向上的曲线，如图 2.46 所示。

图 2.44

图 2.45

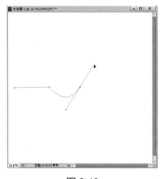

图 2.46

在使用钢笔工具时，将光标放在锚点上，按住 Alt 键（可切换为转换点工具）单击并拖动角点可将其转换为平滑点；按住 Alt 键单击平滑点则可将其转换为角点。

Step 04 按住 Alt 键单击锚点，将锚点下方的方向线去除，如图 2.47 所示。

Step 05 在锚点右侧单击，得到一条新的直线，如图 2.48 所示。

Step 06 在该锚点上向上拖曳，得到开口向下的曲线，如图 2.49 所示。

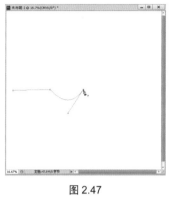 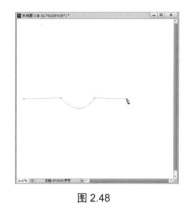 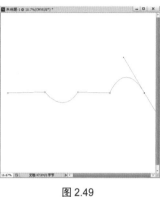

图 2.47　　　　　　　　　图 2.48　　　　　　　　　图 2.49

2.4.4　路径选择工具

路径选择工具常用于要求比较高的产品修图中。需要注意的是，一定要在新建的路径中进行操作，这样可以对产品图像中的各个部分分别进行调色、修图等，并且不影响图像的质量。

实例：保存带路径的 JPG 格式文件

本实例主要使用钢笔工具对图像绘制路径，然后在保存文件时选择 JPG 格式，从而使得文件占用的空间变少，并且再次打开文件时可直接调出路径，如图 2.50 所示。

原图

效果图

扫码看微视频

图 2.50

Step 01 打开文件，复制图层 执行"文件→打开"命令，打开素材文件，按快捷键 Ctrl+J 复制"背景"图层，如图 2.51 所示。

Step 02 创建路径 执行"窗口→路径"命令，调出路径面板，单击路径面板下方的"创建新路径"按钮，创建新的路径并命名为"路径 1"。单击工具箱中的"钢笔工具"按钮，绘制出如图 2.52 所示的闭合路径。

图 2.51

图 2.52

Step 03 创建路径 单击路径面板下方的"创建新路径"按钮，创建新的路径并命名为"路径 2"。单击工具箱中的"钢笔工具"按钮，绘制出如图 2.53 所示的闭合路径。

Step 04 创建路径 单击路径面板下方的"创建新路径"按钮，创建新的路径并命名为"路径 3"。单击工具箱中的"钢笔工具"按钮，绘制出如图 2.54 所示的闭合路径。路径绘制完成后，按快捷键 Ctrl+Shift+S 保存文件为 JPG 格式，如图 2.54 所示。

图 2.53

图 2.54

2.5　裁剪工具

裁剪工具可以对图片进行重新构图或裁掉不想要的地方。

裁剪工具的操作　裁图操作非常简单，只有掌握了裁图技巧才能让裁出的图片很漂亮。

在日常的工作中大家或许会遇到这样的问题，就是如何将构图不够好的图像进行调整，大家也许会选择矩形选框工具甚至是钢笔工具对其进行操作。如果要调整的只是少许的几张图像也就罢了，可是当要调整几十张、几百张甚至几千张图像的时候又该如何是好呢？下面就针对这一现象，给大家讲解一下如何从海量的工作中将自己轻松地"解救"出来。在 Photoshop 软件的工具箱中，用户可以通过使用裁剪工具轻松地将所有的图像进行快速重新构图。相信了解了这一知识点后，大家的工作效率会大大提高。俗话说"磨刀不误砍柴工"，在进行繁复的工作之前只要找到了好的方法，相信一定会事半功倍。

2.5.1　大胆裁图，敢于破坏完整的图片

Step 01　选择裁剪工具　打开素材文件，选择工具箱中的"裁剪工具"，如图 2.55 所示。

Step 02　绘制裁剪区域　在图像上拖曳绘制出裁剪区域，如图 2.56 所示。

Step 03　确认操作　双击确认裁剪，裁剪后的图片给人强烈的视觉冲击力，如图 2.57 所示。

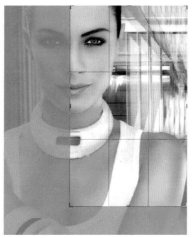

图 2.55　　　　　　　　　　图 2.56　　　　　　　　　　图 2.57

2.5.2　放大局部，使人通过局部迅速联想到物体

Step 01　选择裁剪工具　打开素材文件，选择工具箱中的"裁剪工具"，如图 2.58 所示。

Step 02　绘制裁剪区域　在图像上拖曳绘制出裁剪区域，如图 2.59 所示。

Step 03　确认操作　双击确认裁剪，得到局部放大图，如图 2.60 所示。

图 2.58

图 2.59

图 2.60

2.5.3 实例：更改图像的构图

观察图像，可以发现人物主体不够突出，那么本小节实例就来使用裁剪工具将图像重新构图，使人物主体更加突出。

扫码看微视频

Step01 打开文件，复制图层 执行"文件→打开"命令，打开素材文件，如图 2.61 所示。

Step02 观察图像 单击工具箱中的"裁剪工具"按钮，此时可以看到图像边缘出现了一个外框，该框内的图像即为所需要的图像部分，如图 2.62 所示。

Step03 右边图像框选 单击工具箱中的"裁剪工具"按钮，此时可以看到图像边缘出现了一个外框，将右边的外框向左侧进行拖曳，留下需要的图像部分，如图 2.63 所示。

Step04 左边图像框选 使用与上述同样的方法留下左侧需要的图像部分，如图 2.64 所示。

Step05 裁剪工具 图像框选完成后，按 Enter 键确定裁剪，使图像重新构图。案例的最终效果如图 2.65 所示。

图 2.61

图 2.62

图 2.63

图 2.64

图 2.65

2.6　修补工具

修补工具 可以修补照片中的不足，并与周围环境进行融合，常用来修补大块的脏点。

修补工具的操作　先将不好的区域框选为选区，然后拖向好的区域释放鼠标，即可完成修补。

观察原图，可以发现人物面部的瑕疵较多，那么本节案例就来使用修补工具将人物面部的花纹以及伤痕进行修补，使人物面部变得更加干净，如图 2.66 所示。

扫码看微视频

图 2.66

Step01 打开文件，复制图层
执行"文件→打开"命令，打开
素材文件，按快捷键 Ctrl+J 复制
"背景"图层，如图 2.67 所示。

Step02 瑕疵修整　将所复制
的图层的名称修改为"瑕疵修整"。
选择工具箱中的"修补工具"，
在选项栏中设置"修补"为"源"，
对人物面部的瑕疵部分进行圈选，
再将所选区域拖曳至与其相邻的
完好的皮肤部分，将人物脸上的
斑点进行修补。然后使用同样的
方法，将人物脸上所有的斑点进
行修补，如图 2.68 所示。

图 2.67

图 2.68

Step03 脸部彩绘修整　使用同样的方法，将人物脸上的彩绘进行修补，如图 2.69 所示。

Step04 鬓角部彩绘修整　使用同样的方法，将人物鬓角上的彩绘进行修补，如图 2.70 所示。

图 2.69

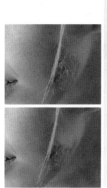

图 2.70

2.7　仿制图章工具

仿制图章工具 ![icon] 可以从图像中复制信息，将其应用到其他区域或者其他图像中。该工具常用于复制图像内容或去除照片中的缺陷。

仿制图章工具的操作　按住 Alt 键，在图像中好的地方单击进行取样，然后在需要修复的地方单击进行填补，即可完成对图像的修复。

仿制图章工具的使用在图像的初调中是十分重要的，主要针对画面中的瑕疵以及穿帮的部分进行修整。在应用的过程中需要注意首先分析清楚哪些才是真正应该修掉的瑕疵部分，而并非一味地用仿制图章工具进行修补。图像修整的过程实际上也是一个修图师不断思考的过程，只有在准确理解图像本身的基础上才可能做出好的作品。

本节实例主要使用仿制图章工具将人物面部的瑕疵进行修整，使人物面部更加干净，然后结合曲线图层将人物进行提亮，使人物看起来不再暗淡，如图 2.71 所示。

扫码看微视频

图 2.71

Step 01 打开文件，复制图层　执行"文件→打开"命令，打开素材文件，如图 2.72 所示。

Step 02 修整瑕疵　选择工具箱中的"仿制图章工具"，在选项栏中设置画笔的大小，然后按住 Alt 键在完好的皮肤上进行取样，取样完成后松开 Alt 键，在人物脸部有瑕疵的部位上进行涂抹，将其修补，如图 2.73 所示。

图 2.72

图 2.73

Step03 修整面部所有瑕疵　使用与上述同样的方法，将人物面部所有的瑕疵进行修整，如图 2.74 所示。

图 2.74

Step04 提亮肤色　单击图层面板下方的"创建新的填充或调整图层"按钮，在弹出的下拉菜单中选择"曲线"选项，设置参数，将图像提亮，案例的最终效果如图 2.75 所示。

2.8 画笔工具和橡皮擦工具

画笔工具 可以画画、做选区、控制蒙版的显示和隐藏。

橡皮擦工具 可以擦掉画笔画得不好的地方。

画笔工具和橡皮擦工具的操作涂抹即可。

图 2.75

2.8.1 选择合适的画笔

Step01 打开文件，新建图层　在 Photoshop 中打开素材文件，单击图层面板下方的"创建新图层"按钮，新建"图层 1"图层，如图 2.76 所示。

Step02 设置画笔选项　选择工具箱中的"画笔工具"，在选项栏中单击"点按可打开画笔预设的选取器"按钮 ，在弹出的面板中选择一种画笔类型，设置大小和硬度的参数，如图 2.77 所示。

Step03 设置画笔颜色　双击工具箱中的前景色图标，在弹出的"拾色器（前景色）"对话框中设置颜色的参数，然后单击"确定"按钮，即可改变画笔的颜色，如图 2.78 所示。

Step04 绘制图像　将各项参数都设置完成后，在画面上连续单击鼠标，就可以绘制出树叶的形状，按 + 键和 - 键可以改变画笔的大小，如图 2.79 所示。

图 2.76

图 2.77

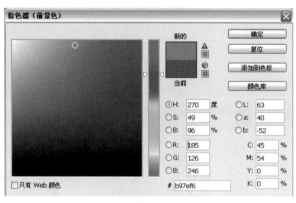

图 2.78

图 2.79

Step 05 擦掉多余的形状　选择工具箱中的橡皮擦工具，将人物身上多余的树叶形状擦除，如图 2.80 所示。

Step 06 完成效果　改变前景色的颜色，使用同样的方法继续在画面上进行绘制，如图 2.81 所示。

图 2.80

图 2.81

2.8.2 使用画笔工具做选区

Step 01 选择画笔工具　在 Photoshop 中打开素材文件，选择工具箱中的"画笔工具"，在选项栏中单击"点按可打开画笔预设的选取器"按钮，在弹出的面板中设置各项参数。因为这里要选择的区域是人物的嘴唇，嘴唇的边缘需要柔和，所以设置硬度的参数为 0%，如图 2.82 所示。

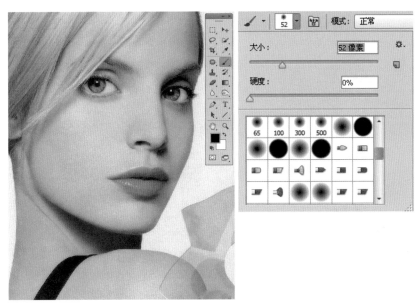

图 2.82

Step 02 快速蒙版　单击工具箱底部的"以快速蒙版模式编辑"按钮，进入快速蒙版编辑模式，涂抹嘴唇，则被涂抹的地方将变为红色（如果有涂抹不好的地方，可以选择橡皮擦工具进行擦除），如图 2.83 所示。

图 2.83

Step 03 建立选区　涂抹完成后，单击工具箱底部的"以标准模式编辑"按钮█，退出快速蒙版编辑模式，此时没有涂抹到的区域将变为选区。执行"选择→反向"命令或按快捷键 Ctrl+Shift+I，将选区进行反选，人物嘴唇部分将建立为选区，如图 2.84 所示。

Step 04 改变色调　单击图层面板下方的"创建新的填充或调整图层"按钮，在弹出的下拉菜单中选择"色相/饱和度"选项，然后在弹出的"色相/饱和度"对话框中调节色相与饱和度的参数，即可改变人物嘴唇的颜色，完成效果如图 2.85 所示。

图 2.84

图 2.85

2.8.3　实例：为人物上妆

　　本小节实例主要使用画笔工具为人物上妆，使人物看起来更加有活力。在为人物上妆的过程中需要注意调整画笔的大小与不透明度，使妆容更加贴合人物，如图 2.86 所示。

扫码看微视频

原图

效果图

图 2.86

Step 01 打开文件，复制图层　执行"文件→打开"命令，将素材拖入页面中，然后按快捷键 Ctrl+J 对"背景"图层进行复制，并将复制出的图层命名为"背景 复制"，如图 2.87 所示。

Step 02 眼睑部分碎发的修整　这里通过修补工具对眼睑部分的碎发进行修整。单击工具箱中的"修补工具"按钮 ，对图像中的瑕疵部分进行修整，效果如图 2.88 所示。

图 2.87　　　　　　　　　　　　　　　　　图 2.88

Step 03 整体画面的锐化处理　通过 USM 锐化对整体画面进行锐化处理。执行"滤镜→锐化→ USM 锐化"命令，在弹出的"USM 锐化"对话框中对其参数进行设置，然后单击"确定"按钮，效果如图 2.89 所示。

图 2.89

Step 04 左侧眼妆的添加　通过画笔工具对眼睑部分进行颜色的添加。首先新建一个图层，将图层的混合模式更改为"颜色"，并将前景色设置为紫色，然后用工具箱中的画笔工具对眼睑处需要上色的部分进行涂抹，效果如图 2.90 所示。

Step 05 右侧眼妆的添加　按照上述方法对人物右侧的眼睑部分进行上色处理，效果如图 2.91 所示。

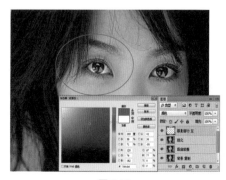 

图 2.90　　　　　　　　　　　　　　　　　图 2.91

Step06 50% 灰的调整　通过"中灰"图层的建立并结合画笔工具的使用对五官进行立体感的塑造。执行"图层→新建→图层"命令，在弹出的"新建图层"对话框中对其参数进行设置，然后单击"确定"按钮。将前景色设置为黑色，然后用画笔工具对眉毛以及睫毛等部分进行加深处理，效果如图2.92所示。

图 2.92

Step07 唇部上色　通过曲线调节的方式对唇部进行上色处理，使整体妆容更加明艳。单击图层面板下方的"创建新的填充或调整图层"按钮，在弹出的下拉菜单中选择"曲线"选项，对其参数进行设置后用画笔工具擦除不需要作用的部分，效果如图2.93所示。

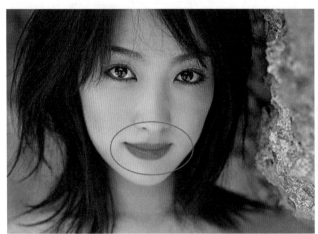
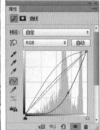

图 2.93

Step08 唇部光影的调节　通过色阶的调整对唇部进行光影的调节，使其看起来更加饱满。单击图层面板下方的"创建新的填充或调整图层"按钮，在弹出的下拉菜单中选择"色阶"选项，对其参数进行设置后用画笔工具擦除不需要作用的部分，效果如图2.94所示。

Step09 唇部颜色的微调整　通过仿制图章工具对唇部的颜色进行调整，使颜色的过渡更加自然。单击工具箱中的"仿制图章工具"按钮，对色泽过渡不均匀的区域进行修补，效果如图2.95所示。

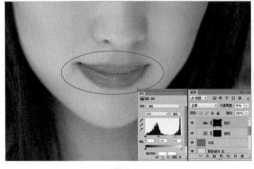
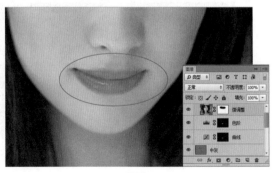

图 2.94　　　　　　　　　　　　　　　　图 2.95

Step10 身体部分的美白　通过曲线的调节对身体部分进行美白处理，使其与面部的肤色相统一。单击图层面板下方的"创建新的填充或调整图层"按钮 ⚫.，在弹出的下拉菜单中选择"曲线"选项，对其参数进行设置后用画笔工具擦除不需要作用的部分，效果如图 2.96 所示。

图 2.96

2.9　渐变工具

渐变工具可以用各种色彩进行渐变混合。

渐变工具的操作　先进行选区操作，然后选择颜色进行涂色。

在图像的修调中，渐变工具是大家需要了解的一个重要工具，尤其在图像的合成案例中融图效果的制作通常会使用到渐变工具。在做融图效果的时候，最常用的是前景色到透明的渐变，在此过程中方法并不是一成不变的，可以结合其他工具一起使用，例如结合加深和减淡工具、蒙版等来制作融图效果。与画笔工具相比，渐变工具最大的优势就是在图像中能够将颜色过渡得更如自然、柔和。

本节实例首先使用渐变工具为图像添加渐变背景，然后为图像添加图层蒙版，将不需要上色的图像部分进行擦除，使图像与渐变背景更加融合，如图 2.97 所示。

扫码看微视频

图 2.97

Step01 打开文件，复制图层　执行"文件→打开"命令，将素材拖入页面中，然后按快捷键 Ctrl+J 对"背景"图层进行复制，并将复制出的图层命名为"背景 复制"，如图 2.98 所示。

Step02 酒瓶抠图　通过钢笔工具对酒瓶进行抠图处理，以便接下来制作渐变背景。单击工具箱中的"钢笔工具"按钮 ，沿着酒瓶的轮廓绘制出闭合路径，然后按快捷键 Ctrl+Enter 将路径转换为选区，再按 Delete 键删除画面中多余的区域，效果如图 2.99 所示。

图 2.98

图 2.99

Step 03 渐变背景的制作　通过渐变工具为酒瓶做红色至黑色的渐变效果，使画面看起来更加丰富。单击工具箱中的"渐变工具"按钮 ，在属性栏中单击"点按可编辑渐变"按钮 ，在弹出的"渐变编辑器"对话框中设置参数，对酒瓶的背景进行渐变处理，最终效果如图 2.100 所示。

图 2.100

2.10　吸管类工具

吸管类工具可以调整颜色的偏色，精确地标识颜色。

吸管类工具的操作　确定准确的颜色，针对白平衡进行调整。

在工具箱中颜色取样器工具、吸管工具扮演着比较重要的角色。在吸管工具下方有一个颜色取样器工具（可以看到吸管工具上面多了一个小的十字）。颜色取样器工具配合信息面板（快捷键为 F8）可以观察图像是否偏色。图像偏色是经常出现的问题，解决偏色问题不能只靠眼睛去看，因为很多显示器不准确，必须使用科学的方法。

观察图像，可以发现原图的色调偏红，那么本节实例就来讲解如何将偏色的图像进行校正，如图 2.101 所示。

扫码看微视频

图 2.101

Step 01 打开文件，复制图层　执行"文件→打开"命令，将素材拖曳到页面上，然后按快捷键 Ctrl+J 对"背景"图层进行复制，并将复制出的图层命名为"背景 复制"，如图 2.102 所示。

Step 02 颜色信息的读取　通过肉眼观察可以发现原图本身是偏红色的，那么该如何准确地判断出偏色的具体情况呢，这时就需要借助于颜色取样器工具了。具体操作是这样的，首先按 F8 键将鼠标停在白色的瓷盘部分，观察信息栏中对应的 R、G、B 参数情况。从理论上来讲，白色物体对应的 R、G、B 参数应该都为 255，但是由于受到环境光的影响，三个数值或许稍有偏差，但是不会相差很远，因此它可以作为观察图像是否偏色的一个依据，如图 2.103 所示。

图 2.102

图 2.103

Step03 偏色的矫正　通过曲线的调整使 R、G、B 三个参数接近平衡，整体画面偏色的情况也趋于正常。单击图层面板下方的"创建新的填充或调整图层"按钮 ，在弹出的下拉菜单中选择"曲线"选项，对其参数进行设置。最终效果如图 2.104 所示。

图 2.104

2.11　切片工具

切片工具可以对较大的图片进行切割，适合网络快速读取。

切片工具的操作　切图，然后进行保存。

在制作网站时图片往往都会偏大，那么本节案例就来讲解如何使用切片工具将一张图片分割成一组图片，从而应用于网页。

Step01 打开文件　执行"文件→打开"命令，打开素材文件，如图 2.105 所示。

Step02 分割图片　在工具箱中选择"切片工具"，单击鼠标左键进行拖动，黄色的线表示选中当前的图片。切片之间要注意衔接，不可以有缝隙，因此应该放大图像进行裁切，并且在裁切完成之后检查所裁图片的序号。按快捷键 Ctrl+Shift+Alt+S，弹出"存储为 Web 所用格式"对话框，对其参数进行设置，其中将优化的文件格式设置为 JPEG，品质降低为 70 ~ 80，并且选择"仅限图像"进行保存。在生成的 images 文件夹中排列了分割好的小图片，并且进行了编号存储，如图 2.106 所示。

扫码看微视频

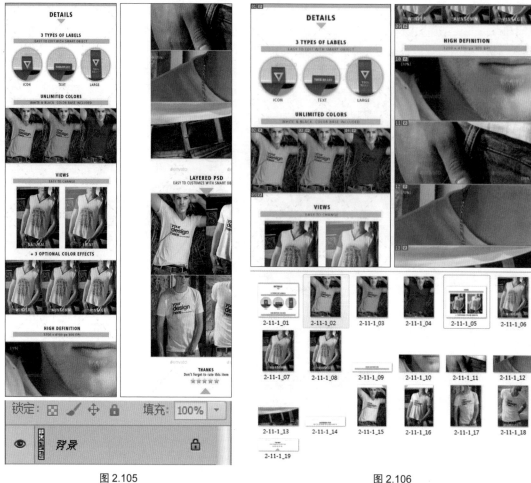

图 2.105　　　　　　　　　　　　　　　　　图 2.106

2.12　标尺工具

标尺工具可以精确地计算尺寸和角度。

标尺工具的操作　使用标尺工具拉出线条，然后进行拉伸计算。

摄影师在拍摄的过程中难免会出现角度的倾斜，这时就需要对倾斜的图像进行校正。在这里介绍通过标尺工具快速调整画面水平的方法，具体做法是使用标尺工具沿着原有图像的边缘拉一条竖线，再单击选项栏中的"拉直图层"按钮，这时会使得整体画面瞬间拉平。

本节实例主要讲解通过标尺工具快速调整画面水平的方法，效果如图 2.107 所示。

扫码看微视频

图 2.107

Step01 **打开文件，复制图层**　执行"文件→打开"命令，在弹出的"打开"对话框中选择素材文件，单击"打开"按钮。按快捷键 Ctrl+J 复制"背景"图层，然后单击工具箱中的"标尺工具"按钮 ，在图像中选择一条倾斜的直线，在直线上拖动标尺，如图 2.108 所示。

图 2.108

Step02 **拉直图层**　主要校正倾斜的照片。在画面中选取直线，利用标尺工具沿着直线拉出线段，以此校正倾斜照片。在选项栏中单击"拉直图层"按钮，关闭"背景"图层前面的眼睛。单击工具箱中的"裁剪工具"按钮，在画面中移动裁剪边，并按 Enter 键确定将不需要的部分裁掉，如图 2.109 所示。

图 2.109

Step 03 边界修整 通过修补工具对画面四周进行修补，使图像效果更完整。单击工具箱中的"修补工具"按钮 ，对图像四周不完整的部分进行修补，最终效果如图 2.110 所示。

图 2.110

2.13 文字工具

文字工具可以给图片添加优美的文字。

文字工具的操作 选择一个区域或路径，然后输入文字并设置字体样式。

应用文字工具可以在图像中加入所需的内容，同时还可以通过改变字体的大小、颜色以及字间距等使得设计排版更加灵活。淘宝美工在制作宣传文字时经常需要用到文字工具。例如，促销活动中一件产品的原价是 100 元，促销价是 60 元，一般情况下需要将原价设计得较小，而促销价为了看起来更加醒目，在排版设计的时候会比较大。除此之外，在原价 100 上面还会打上斜线表示取消，针对这个设计，多数的修图师会选择手动绘制一条直线后再移动到文字的上面，这种方法虽可行却并不便捷。在这里介绍一个小技巧：选择文字本身，单击选项栏中的按钮 ，在窗口中打开字符面板，选择文字排版的样式即可。文字排版的样式在字符面板中均有体现，对于文字的排版非常方便。

2.13.1 实例：版面文字的添加

本小节实例主要使用文字工具，结合字符面板设置文字的字体、字号、颜色、样式等参数，为化妆品海报添加文字，如图 2.111 所示。

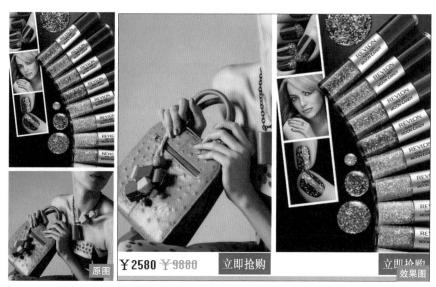

图 2.111

Step 01 新建空白文档　新建空白文档以便接下来制作宣传页面。执行"文件→新建"命令，在弹出的"新建"对话框中对其参数进行设置后单击"确定"按钮，效果如图 2.112 所示。

图 2.112

Step 02 红色色块的添加　新建图层并制作红色色块。执行"图层→新建→图层"命令并将新建图层命名为"红色色块"。单击工具箱中的"矩形选框工具"按钮 ⬚，在页面上绘制矩形选框，将前景色设置为红色后按快捷键 Alt+Delete 对所选区域进行填充，效果如图 2.113 所示。

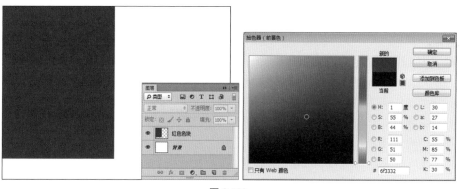

图 2.113

Step 03 红色色块的添加　用以上方式制作另一个相同的红色色块，效果如图 2.114 所示。

Step 04 粉红色块的添加　用相同的方式在页面底部制作出粉色的色块，效果如图 2.115 所示。

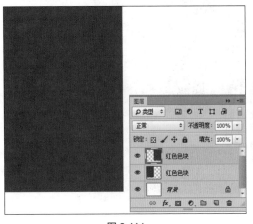

图 2.114

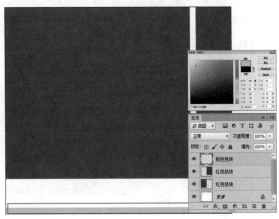

图 2.115

Step 05 包包素材的添加　将包包素材添加到设计页面上。执行"文件→打开"命令，在弹出的"打开"对话框中选择"包包.jpg"文件，单击将其拖曳到页面上并调整其位置。执行"图层→创建剪贴蒙版"命令，将所选图层置入目标图层中，效果如图 2.116 所示。

Step 06 化妆品素材的添加　用以上方式添加化妆品素材，效果如图 2.117 所示。

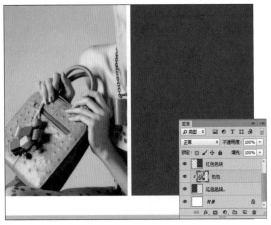

图 2.116

图 2.117

Step 07 洋红色块的制作　新建图层并制作洋红色块。执行"图层→新建→图层"命令并将新建图层命名为"洋红色块"。单击工具箱中的"矩形选框工具"按钮，在页面上绘制矩形选框，将前景色设置为洋红色后按快捷键 Alt+Delete 对所选区域进行填充，效果如图 2.118 所示。

Step 08 洋红色块的制作　用同样的方式制作另一个洋红色块，效果如图 2.119 所示。

Step 09 文字的添加 1　为宣传页面添加文字。单击工具箱中的"文字工具"按钮 T，在页面中绘制文本框，输入对应文字。执行"窗口→字符"命令，在弹出的字符面板中对其参数进行设置后在文本框中输入相应的文字，效果如图 2.120 所示。

图 2.118　　　　　　　　　　　　　　图 2.119

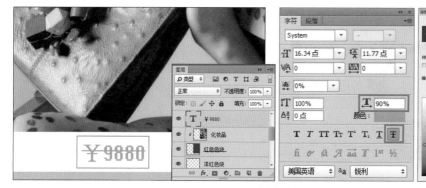

图 2.120

Step10 文字的添加 2　为宣传页面添加文字。单击工具箱中的"文字工具"按钮 **T**，在页面中绘制文本框，输入对应文字。执行"窗口→字符"命令，在弹出的字符面板中对其参数进行设置后在文本框中输入相应的文字，效果如图 2.121 所示。

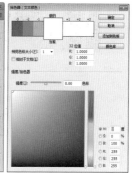

图 2.121

Step 11 文字的添加 3　为宣传页面添加文字。单击工具箱中的"文字工具"按钮 **T**，在页面中绘制文本框，输入对应文字。执行"窗口→字符"命令，在弹出的字符面板中对其参数进行设置后在文本框中输入相应的文字，效果如图 2.122 所示。

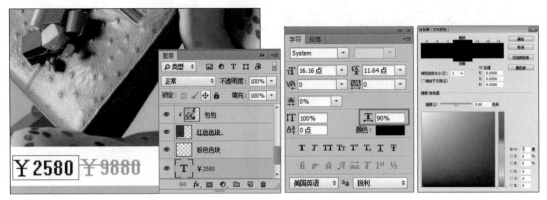

图 2.122

Step 12 文字的添加 4　为宣传页面添加文字。单击工具箱中的"文字工具"按钮 **T**，在页面中绘制文本框，输入对应文字。执行"窗口→字符"命令，在弹出的字符面板中对其参数进行设置后在文本框中输入相应的文字，效果如图 2.123 所示。

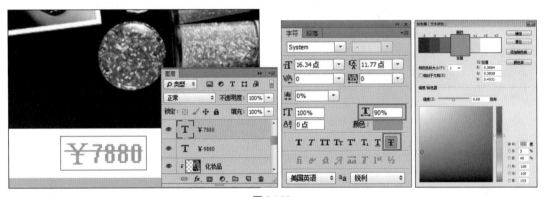

图 2.123

Step 13 文字的添加 5　为宣传页面添加文字。单击工具箱中的"文字工具"按钮 **T**，在页面中绘制文本框，输入对应文字。执行"窗口→字符"命令，在弹出的字符面板中对其参数进行设置后在文本框中输入相应的文字，效果如图 2.124 所示。

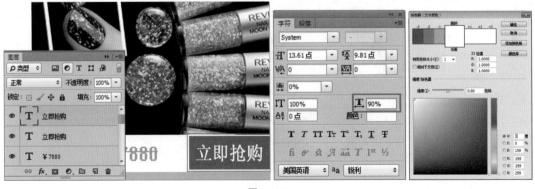

图 2.124

Step14 文字的添加 6　为宣传页面添加文字。单击工具箱中的"文字工具"按钮 **T**，在页面中绘制文本框，输入对应文字。执行"窗口→字符"命令，在弹出的字符面板中对其参数进行设置后在文本框中输入相应的文字，效果如图 2.125 所示。

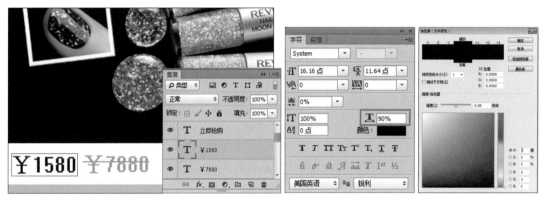

图 2.125

2.13.2　实例：优惠券文字的添加

本实例给海报添加优惠券信息，效果如图 2.126 所示。

扫码看微视频

图 2.126

Step 01 新建空白文档　新建空白文档以便接下来制作宣传页面。执行"文件→新建"命令，在弹出的"新建"对话框中对其参数进行设置后单击"确定"按钮，效果如图 2.127 所示。

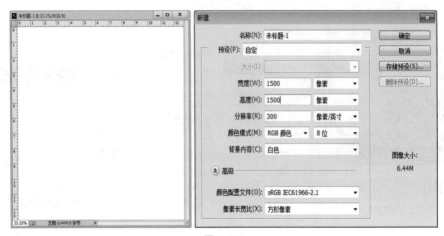

图 2.127

Step 02 纯色背景的制作　新建一个图层并填充为淡紫色。执行"图层→新建→图层"命令，新建一个图层并命名为"紫色色块"。将前景色设置为淡紫色后按快捷键 Alt+Delete 对新建图层进行填充，效果如图 2.128 所示。

图 2.128

Step 03 深紫色色块的制作　新建一个图层并填充为深紫色。执行"图层→新建→图层"命令，新建一个图层并命名为"深紫色块"。将前景色设置为深紫色后按快捷键 Alt+Delete 对新建图层进行填充，效果如图 2.129 所示。

图 2.129

Step 04 蓝色色块的制作　新建一个图层并填充为蓝色。执行"图层→新建→图层"命令，新建一个图层并命名为"蓝色色块"。将前景色设置为蓝色后按快捷键 Alt+Delete 对新建图层进行填充，效果如图 2.130 所示。

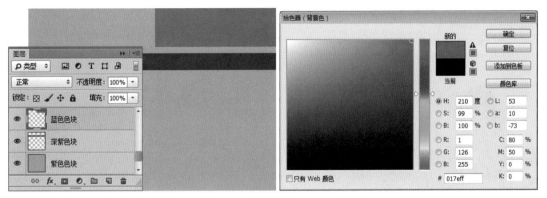

图 2.130

Step 05 橙色色块的制作　新建一个图层并填充为橙色。执行"图层→新建→图层"命令，新建一个图层并命名为"橙色色块"。将前景色设置为橙色后按快捷键 Alt+Delete 对新建图层进行填充，效果如图 2.131 所示。

图 2.131

Step 06 黄色色块的制作　新建一个图层并填充为黄色。执行"图层→新建→图层"命令，新建一个图层并命名为"黄色色块"。将前景色设置为黄色后按快捷键 Alt+Delete 对新建图层进行填充，效果如图 2.132 所示。

图 2.132

Step 07 化妆品 1 素材的添加　将化妆品素材添加到设计页面上。执行"文件→打开"命令，在弹出的"打开"对话框中选择"化妆品 1.jpg"文件，单击将其拖曳到页面上并调整其位置。执行"图层→创建剪贴蒙版"命令，将所选图层置入目标图层中，效果如图 2.133 所示。

Step 08 化妆品 2 素材的添加　按照上述方式制作黄色色块后将化妆品 2 素材添加到相应的位置，效果如图 2.134 所示。

图 2.133

图 2.134

Step 09 "无痕美妆"文字的添加　为宣传页面添加文字。单击工具箱中的"文字工具"按钮 **T**，在页面中绘制文本框，输入对应文字。执行"窗口→字符"命令，在弹出的字符面板中对其参数进行设置后，在文本框中输入相应的文字，效果如图 2.135 所示。

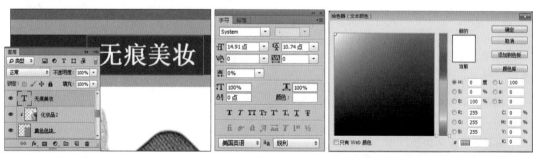

图 2.135

Step 10 "￥1000"文字的添加　为宣传页面添加文字。单击工具箱中的"文字工具"按钮 **T**，在页面中绘制文本框，输入对应文字。执行"窗口→字符"命令，在弹出的字符面板中对其参数进行设置后在文本框中输入相应的文字，效果如图 2.136 所示。

图 2.136

Step11　"满 600 可用"文字的添加　为宣传页面添加文字。单击工具箱中的"文字工具"按钮**T.**，在页面中绘制文本框输入对应文字。执行"窗口→字符"命令，在弹出的字符面板中对其参数进行设置后在文本框中输入相应的文字，效果如图 2.137 所示。

图 2.137

Step12　"优惠券"文字的添加　为宣传页面添加文字。单击工具箱中的"文字工具"按钮 **T.**，在页面中绘制文本框输入对应文字。执行"窗口→字符"命令，在弹出的字符面板中对其参数进行设置后在文本框中输入相应的文字，效果如图 2.138 所示。

图 2.138

Step13　"满 1000 可用"文字的添加　为宣传页面添加文字。单击工具箱中的"文字工具"按钮 **T.**，在页面中绘制文本框输入对应文字。执行"窗口→字符"命令，在弹出的字符面板中对其参数进行设置后在文本框中输入相应的文字，效果如图 2.139 所示。

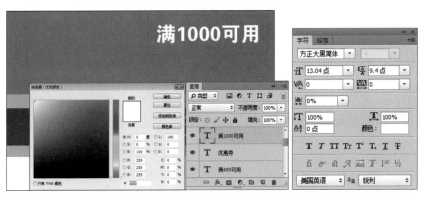

图 2.139

Step 14 "优惠券"文字的添加　为宣传页面添加文字。单击工具箱中的"文字工具"按钮 **T**，在页面中绘制文本框输入对应文字。执行"窗口→字符"命令，在弹出的字符面板中对其参数进行设置后在文本框中输入相应的文字，效果如图 2.140 所示。

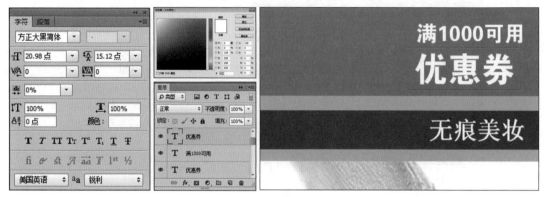

图 2.140

Step 15 "￥899"文字的添加　为宣传页面添加文字。单击工具箱中的"文字工具"按钮 **T**，在页面中绘制文本框，输入对应文字。执行"窗口→字符"命令，在弹出的字符面板中对其参数进行设置后在文本框中输入相应的文字，效果如图 2.141 所示。

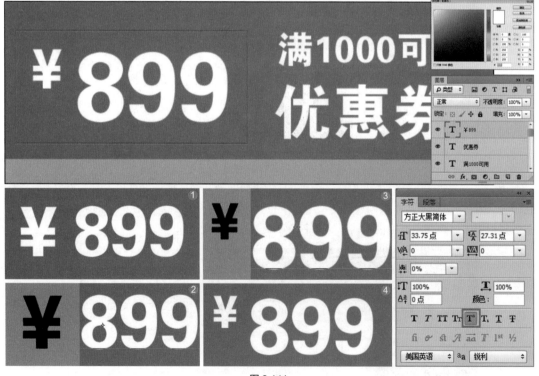

图 2.141

第 3 章

Photoshop 商业抠图技术

在使用 Photoshop 软件时，抠图可以说是必须掌握的一项技巧，在做合成之前首先要将合成需要的图片或某个素材从原先的图片中分离出来，从而合成一张新的图片。那么如何才能快速、准确地抠图呢？

3.1 高效、高质量抠图

在抠图之前需要知道图片的用途及特点，这样才能选出最佳的抠图方法。

技巧 1 **根据图片的用途选择抠图方法**

印刷：如果抠出的图片用于印刷，应该选择精确的抠图方法，比如钢笔工具。如果选择的是魔棒工具抠出的图用于印刷，那么本来在屏幕上看起来清晰的边缘，在印刷出来后会比较模糊。

网络：如果抠出的图片用于网络发布，那么对抠图的准确度的要求就不是特别高，这时候就应该选择快速的抠图方法，比如魔棒工具和快速选择工具。

技巧 2 **根据图片的特点选择抠图方法**

需要多次修改：如果抠出的图片还需要进行进一步的修改，那么建议将抠图的选区转换为图层蒙版。

数量很多：如果需要抠出的图片数量很多，毋庸置疑，应该选择最快速的抠图方式。

有虚有实：如果需要抠出的图片有虚有实，直接对图片进行抠取，抠出的图片会显得很假、很生硬，不如将虚的地方变虚一点，这样看起来会真实、自然许多。

主体和背景融为一体：如果要抠取一般的抠图工具很难抠出的对象，这时候要选择更高级的抠图方式，比如图层的混合模式、通道、混合颜色带等。

3.2 常见的抠图工具

3.2.1 磁性套索工具

使用磁性套索工具可以轻松地绘制出外边框很复杂的图像选区，就像铁被磁石吸附一样，紧紧吸附在图像的边缘，只要沿着图像的外边框拖动鼠标，便可以自动建立选区。磁性套索工具主要用于指定色彩较明显的图像选区，如图 3.1 所示。

图 3.1

3.2.2 魔棒工具 / 快速选择工具

魔棒工具：在使用魔棒工具时，通过设置容差值，然后单击鼠标，就可以将颜色相似的大面积区域指定为选区。魔棒工具适用于绘制对比较强的图像区域，如图 3.2 所示。

快速选择工具：快速选择工具能够利用可调整的原型画面笔尖快速绘制选区。在拖动鼠标时，选区会自动向外扩张并自动查找和跟随图像中定义的边缘。使用快速选择工具可以快速抠取简单背景上的图像。

Tips

> 魔棒工具一般适用于快速创建且要求不太高的选区，因为魔棒工具创建出的选区有可能边缘参差不齐，在印刷时会表现得特别明显。

图 3.2

3.2.3 钢笔工具

使用钢笔工具可以精确地绘制出直线或平滑的曲线。在使用钢笔工具抠图的过程中通常会配合删除锚点、添加锚点、转换点工具等的使用，在绘制路径时可能无法准确地将控制手柄的曲度调整得正好，此时可以在按住 Ctrl 键的同时单击并拖动控制柄，使其更好地贴合图像的边缘曲度，如图 3.3 所示。

图 3.3

3.2.4 图层蒙版

在对图像进行处理的过程中，图层蒙版的主要功能是进行图像合成方面的处理，用钢笔工具做出的选区会很生硬，将其转换为蒙版后，可以使用其他工具将其进行软化，蒙版还可以对抠取的图像进行反复修改而不破坏图像本身，如图 3.4 所示。

图 3.4

3.2.5 调整边缘

调整边缘可以优化已有的选区，用任意选区在图像上创建选区选择范围后，其属性栏上的"选择并遮住"按钮才可以启用，调整其参数，可以使选区边缘更加柔和，如图 3.5 所示。

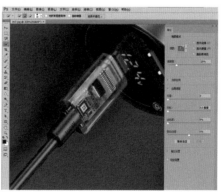

图 3.5

3.2.6 混合颜色带

在图层上双击，可以弹出"图层样式"对话框，在对话框底部就可以看到混合颜色带，它可以将当前图层中亮的部分和暗的部分隐藏起来，"本图层"用于调整当前的图层，"下一图层"用于调整当前图层的下一级图层，如图 3.6 所示。

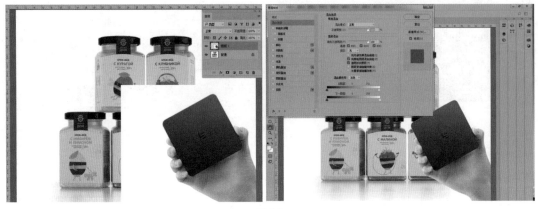

图 3.6

3.2.7 色彩范围

"色彩范围"命令是根据色彩范围创建选区，是针对色彩进行的。设置的颜色容差值越大，选择的范围越大，反之选择的范围就越小。在色彩范围的选择中，配合 Shift 键可以选择更多的选区，配合 Alt 键可以从当前选择的颜色中删除不想要的颜色。在色彩范围的缩览图中，白色代表选中的部分，黑色代表没有选中的部分，如图 3.7 所示。

图 3.7

> **Tips**
>
> 在使用色彩范围选择选区时，可以使用吸管工具在图像中单击取样颜色，🖋和🖋工具分别用于增加和减少选择的颜色范围。

3.3 简单轮廓抠图

在图像合成中往往涉及抠图的处理，当然抠图的方法有很多种，例如用钢笔工具直接抠图，或者通过添加蒙版的方式进行抠图，或者通过通道建立选区的方式进行抠图等，具体方法需要根据图像本身的特点来定。本案例是一个典型的棚拍剪影效果，由于图像中人物的边缘十分清晰，所以只需要进行钢笔工具抠图的操作即可，接下来再进行背景的更换。需要注意的是，细节部分的抠取应该耐心一些，这样抠取出来的视觉效果会更佳。

3.3.1　实例：人物模特抠图

　　本实例介绍棚拍人物抠图，主要使用钢笔工具绘制封闭路径，然后使用直接选择工具对路径进行调整，再对边缘进行羽化使图像的边缘更加圆滑，从而将人物抠出，如图 3.8 所示。

扫码看微视频

图 3.8

　　Step01 打开文件，复制图层　执行"文件→打开"命令，在弹出的"打开"对话框中选择素材文件，单击"打开"按钮将其打开。按快捷键 Ctrl+J 复制"背景"图层，得到"背景 复制"图层，如图 3.9 所示。

　　Step02 瑕疵修整　将复制出的图层的名称修改为"瑕疵修整"，单击工具箱中的"修补工具"按钮，将人物身上的瑕疵进行圈选创建选区，再将选区内的图像拖曳至相邻的完好皮肤上，从而将瑕疵进行修整，效果如图 3.10 所示。

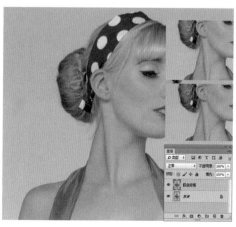

图 3.9

图 3.10

Step03 新建图层　新建一个"纯色背景"图层，为其填充白色，如图 3.11 所示。

Step04 人像抠图　隐藏"纯色背景"图层，单击工具箱中的"钢笔工具"按钮，设置工作模式为"路径"，沿着人物轮廓进行路径的绘制，如图 3.12 所示。

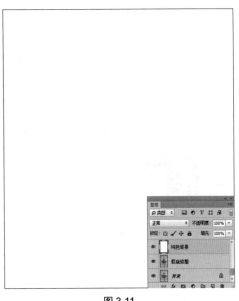

图 3.11　　　　　　　　　　　　　　　　图 3.12

Step05 调整路径　单击工具箱中的"直接选择工具"按钮，对绘制的不够好的路径进行框选，然后调整路径，使路径更加贴合人物轮廓，以便后面的抠图效果更佳。使用同样的方法将其他路径进行调整，如图 3.13 所示。

Step06 人像抠图　按快捷键 Ctrl+Enter 将路径转换为选区，然后按快捷键 Shift+F6，在弹出的"羽化选区"对话框中设置羽化半径为 1，将边缘进行圆滑调整。按快捷键 Ctrl+J 将选区内的图像复制到一个新的图层，即"人像抠图"图层，然后显示"纯色背景"图层，如图 3.14 所示。

图 3.13　　　　　　　　　　　　　　　　图 3.14

Step07 制作阴影　在"人像抠图"图层之下新建一个"阴影"图层，单击工具箱中的"画笔工具"，设置前景色为灰色（R：108，G：93，B：93），降低画笔的不透明度，为人物绘制阴影。添加"色阶"图层，设置色阶参数，然后选择色阶蒙版，按快捷键 Ctrl+I 进行反向，利用白色柔角画笔在人物腿部进行涂抹，使色阶效果只应用于腿部，如图 3.15 所示。

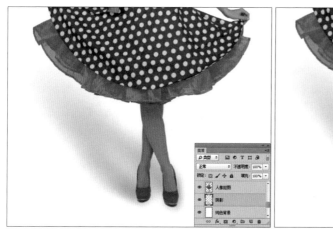

图 3.15

Step08 提亮画面　添加"曲线"图层，设置曲线参数，将画面整体进行提亮，如图 3.16 所示。

Step09 可选颜色　添加"选取颜色"图层，设置参数，将人物衣服的色调进行调整，如图 3.17 所示。

图 3.16　　　　　　　　　　　　　图 3.17

Step 10 制作阴影 添加"曲线"图层，设置曲线参数，将图像色调进行调整，如图 3.18 所示。

Step 11 锐化 盖印可见图层，将盖印的图层的名称修改为"锐化"。执行"滤镜→锐化→ USM 锐化"命令，在弹出的"USM 锐化"对话框中设置参数，单击"确定"按钮完成。案例的最终效果如图 3.19 所示。

图 3.18　　　　　　　　　　　　　　　图 3.19

3.3.2　实例：商品实物抠图

大家在产品修图的过程中会遇到各种各样的问题，例如产品瑕疵的修整、色调的调整以及最终合成的处理等，具体的修调方法需要根据产品本身的特性以及需要修调的效果而定。虽然产品本身已定，但是修调师的经验是丰富的，大家可以通过自己所掌握的技术以及独特的创意使作品在众多的同类产品中脱颖而出。

本节实例主要是将产品进行抠图，然后对其添加调整图层，例如"色相/饱和度"图层、"曲线"图层、"渐变映射"图层等，为其添加效果使产品更加精美，如图 3.20 所示。

扫码看微视频

图 3.20

Step01 打开文件，复制图层　执行"文件→打开"命令，在弹出的对话框中打开素材，然后按快捷键 Ctrl+J 复制"背景"图层，如图 3.21 所示。

Step02 添加素材　继续执行"文件→打开"命令，在弹出的对话框中打开"竹席.jpg"素材，将其打开拖入场景中，放置到合适的位置，如图 3.22 所示。

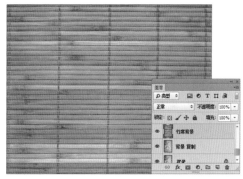

图 3.21　　　　　　　　　　　　　　　　　　　图 3.22

Step03 提亮画面　单击图层面板下方的"创建新的填充或调整图层"按钮，在弹出的下拉菜单中选择"曲线"选项，设置曲线参数，将人物进行提亮，并将该图层的不透明度调整为 53%，如图 3.23 所示。

Step04 调整色相／饱和度　添加"色相／饱和度"图层，设置参数，将图像的饱和度进行降低，并设置该图层的不透明度为 82%，如图 3.24 所示。

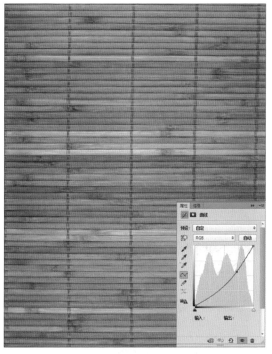

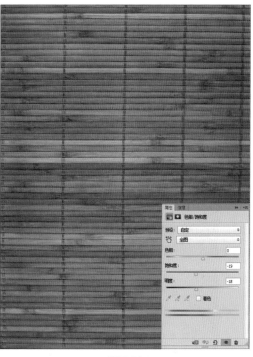

图 3.23　　　　　　　　　　　　　　　　　　　图 3.24

Step 05 产品抠图　隐藏"竹席背景"图层，单击工具箱中的"钢笔工具"按钮，沿着餐具的轮廓绘制封闭路径，路径绘制完成后按快捷键 Ctrl+Enter 将路径转换为选区。按快捷键 Ctrl+J 将选区内的图像复制到一个新的图层里，然后显示"竹席背景"图层并将餐具进行放大，如图 3.25 所示。

Step 06 绘制阴影　在"产品抠图"图层之下创建"曲线"图层，设置曲线参数，然后选择曲线蒙版，按快捷键 Ctrl+I 进行反向，利用白色柔角画笔在页面上进行涂抹，为产品绘制阴影。复制该曲线效果，将复制出的图层的不透明度调整为 69%，效果如图 3.26 所示。

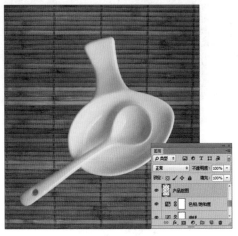

图 3.25　　　　　　　　　　　　　　　图 3.26

Step 07 渐变映射　单击图层面板下方的"创建新的填充或调整图层"按钮，在弹出的下拉菜单中选择"渐变映射"选项，设置参数，并将该图层的混合模式调整为"柔光"，不透明度调整为 52%，效果如图 3.27 所示。

Step 08 增强立体感　执行"图层→新建→图层"命令，在弹出的"新建图层"对话框中设置图层名称为"中灰"，调整混合模式为"柔光"，并勾选"填充柔光中性色"复选框，单击"确定"按钮完成。利用黑色柔角画笔，降低画笔的不透明度，在餐具上进行涂抹，使其立体感增强，如图 3.28 所示。

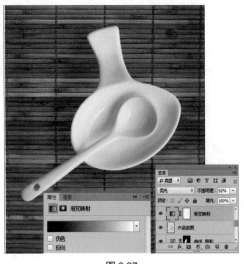

图 3.27　　　　　　　　　　　　　　　图 3.28

Step 09 压暗竹席的亮度　继续添加"曲线"图层，设置曲线参数，然后选择曲线蒙版，利用黑色柔角画笔在餐具上进行涂抹，隐藏曲线效果，使曲线效果只应用于竹席，如图 3.29 所示。

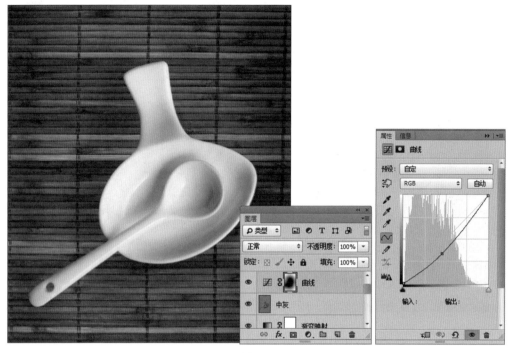

图 3.29

3.4 复杂边缘抠图

在复杂背景的抠图中首先应该分析原有图像与背景融合的情况，一般情况下需要借助多种方法来完成，例如钢笔工具、蒙版、画笔工具、通道等。

以本实例来说，人物身体部分的轮廓是十分清晰的，因此可以用钢笔工具来完成抠图的过程，至于发丝部分由于出现了明暗虚实的变化，这时就需要通过蒙版耐心地擦除。在整体抠图工作完成之后，当人物更换到另一个场景中时还应该考虑人物与背景环境之间的比例关系，也就是应该把人物放到多大才是一个合适的比例，只有考虑到诸多的因素才能做出好的作品。

实例：虚边过渡色抠图

本实例主要介绍复杂背景的人物抠图。对于复杂背景的人物抠图，需要先进行大环境抠图，对人物大形进行抠图，再利用钢笔工具对人物的身体进行抠取，最后利用通道和画笔工具结合的办法抠出发丝细节，如图 3.30 所示。

扫码看微视频

图 3.30

Step01 打开文件，复制图层　执行"文件→打开"命令，在弹出的"打开"对话框中选择素材文件，单击"打开"按钮将其打开。按快捷键 Ctrl+J 复制"背景"图层，得到"背景 复制"图层，如图 3.31 所示。

Step02 载入选区　单击工具箱中的"套索工具"按钮，在画面中绘制不规则选区，载入选区，如图 3.32 所示。

图 3.31

图 3.32

Step 03 大环境抠图　按快捷键 Ctrl+J，复制选区内容，完成大环境抠图。关闭其他图层前面的眼睛，观察图像，如图 3.33 所示。

Step 04 载入身体选区　单击工具箱中的"钢笔工具"按钮，在选项栏中设置工具的模式为路径，然后在画面中绘制人物身体路径，并按快捷键 Ctrl+Enter 将路径转换为选区，如图 3.34 所示。

图 3.33　　　　　　　　　　　　　　　　　　图 3.34

Step 05 身体抠图　按快捷键 Ctrl+J 复制选区内容，完成人物身体抠图。关闭"大环境抠图"图层前面的眼睛，检查抠图后再次打开，如图 3.35 所示。

Step 06 载入人物头部选区　打开"大环境抠图"图层前面的眼睛，选择"大环境抠图"图层，单击工具箱中的"套索工具"按钮，在画面中的人物头部绘制不规则选区，载入人物头部选区，然后按快捷键 Ctrl+J 复制选区内容，如图 3.36 所示。

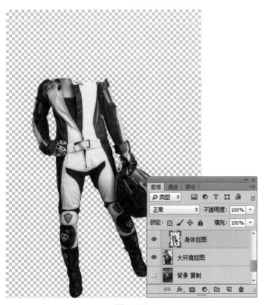

图 3.35　　　　　　　　　　　　　　　　　　图 3.36

Step 07 通道抠图　　关闭"身体抠图"图层前面的眼睛，单击图层面板中的"通道"按钮，复制蓝通道，然后按快捷键Ctrl+L，在弹出的"色阶"对话框中设置参数，单击"确定"按钮结束，如图3.37所示。

Step 08 画笔抠图　　按快捷键Ctrl+I执行"反相"命令，使用工具箱中的画笔工具将背景涂抹为白色，将人物涂抹为黑色，如图3.38所示。

图 3.37　　　　　　　　　　　　　　　　　　　图 3.38

Step 09 发丝抠图　　再次按快捷键Ctrl+I执行"反相"命令，在按下Ctrl键的同时单击"蓝 拷贝"通道缩略图，载入选区，再单击RGB通道。按快捷键Ctrl+Shift+I反转选区，按Delete键删除选区内容，按快捷键Ctrl+D取消选区，完成发丝抠图，如图3.39所示。

Step 10 新建组　　打开"身体抠图"图层前面的眼睛，单击图层面板下方的"新建组"按钮新建组，并重新命名为"抠图"，然后将"发丝抠图"图层和"身体抠图"图层拖曳至组内，如图3.40所示。

图 3.39　　　　　　　　　　　　　　　　　　　图 3.40

Step11 更换背景　执行"文件→打开"命令，选择素材文件打开，将其拖曳至场景文件中放置在合适位置。复制"抠图"组，将其放置在背景素材上方按快捷键 Ctrl+T 自由变换大小，按 Enter键结束，如图 3.41 所示。

Step12 阴影　在背景素材上方新建图层，单击工具箱中的"画笔工具"按钮，在选项栏中选择画笔笔触为柔角画笔，设置不透明度为 15%、前景色为黑色，在画面中涂抹绘制阴影，效果如图 3.42所示。

图 3.41

图 3.42

3.5　半透明物体抠图

在半透明物体的抠图中最大的难点莫过于选区的确定，在图像的修调中用常规方式很难给半透明的素材做选区，本节着重讲解遇到以上情况时如何准确地确定素材的选区，进而做抠图的处理。经常接触图形软件的读者对通道的概念并不陌生，首先应该了解通道最主要的用途就是做选区。用通道抠图的主要原理是将原先图像中红色、蓝色以及绿色的相关颜色信息分别进行精确的提取，重新组合到新的图像中，再通过更换图像本身的背景达到抠图换背景的目标。用户需要注意的是在图像不同色彩的重新组合过程中应该灵活地变换色彩的叠加顺序等，以此得到更好的视觉效果，具体方式需要根据图像本身的特点来定。

3.5.1　实例：虚边过渡色抠图

本实例主要讲解如何利用通道将火焰抠出，方法是将红、绿、蓝通道分别建立选区，复制到一个新的图层中，为其填充正红、正绿、正蓝，然后调整各个图层的混合模式，如图 3.43 所示。

扫码看微视频

原图

效果图

图 3.43

Step01 打开文件，复制图层　执行"文件→打开"命令，在弹出的对话框中打开素材，接下来按快捷键 Ctrl+J 复制"背景"图层，如图 3.44 所示。

图 3.44

Step02 红通道抠图　在通道面板中按住 Ctrl 键选择"红"通道，创建选区，按快捷键 Ctrl+C 进行复制，回到图层面板中，按快捷键 Ctrl+V 进行粘贴。将复制出的图层的名称修改为"红"，然后按住 Ctrl 键选择"红"图层，创建选区，设置前景色为正红色（R：255，G：0，B：0），按快捷键 Alt+Delete 为选区填充颜色，按快捷键 Ctrl+D 取消选区，并设置该图层的混合模式为"强光"，如图 3.45 所示。

Step03 绿通道抠图　继续在通道面板中按住 Ctrl 键选择"绿"通道，创建选区，按快捷键 Ctrl+C 进行复制，回到图层面板中，按快捷键 Ctrl+V 进行粘贴。将复制出的图层的名称修改为"绿"，然后按住 Ctrl 键选择"绿"图层，创建选区，设置前景色为正绿色（R：0，G：255，0，B：0），按快捷键 Alt+Delete 为选区填充颜色，按快捷键 Ctrl+D 取消选区，并设置该图层的混合模式为"滤色"，如图 3.46 所示。

图 3.45　　　　　　　　　　　　　　　　图 3.46

Step04 蓝通道抠图　继续在通道面板中按住 Ctrl 键选择"蓝"通道，创建选区，按快捷键 Ctrl+C 进行复制，回到图层面板中，按快捷键 Ctrl+V 进行粘贴。将复制出的图层的名称修改为"蓝"，然后按住 Ctrl 键选择"蓝"图层，创建选区，设置前景色为正蓝色（R：0，G：0，B：255），按快捷键 Alt+Delete 为选区填充颜色，按快捷键 Ctrl+D 取消选区，并设置该图层的混合模式为"滤色"。接下来添加背景，在"红"图层之下新建一个"纯色背景"图层，设置前景色为紫色（R：50，G：18，B：53），按快捷键 Alt+Delete 为其填充颜色，效果如图 3.47 所示。

图 3.47

Step05 合成素材的添加　执行"文件→打开"命令，在弹出的"打开"对话框中选择"背景.jpg"文件，将其拖曳到页面之上并调整其位置。按快捷键 Ctrl+J 复制图层，并将复制出的图层命名为"背景 复制"，效果如图 3.48 所示。

图 3.48

Step 06 火焰素材的添加　将抠出来的火焰合成到背景画面中。单击图层面板中的"创建新组"按钮 ▣，将火焰图层编入新组。单击图层面板下方的"添加图层蒙版"按钮 ▣ 添加图层蒙版，然后用画笔工具擦除图像中不需要作用的部分，最终效果如图 3.49 所示。

图 3.49

3.5.2 　实例：玻璃杯抠图

本实例和火焰抠图有着异曲同工之处，都是将红、绿、蓝通道抠出，为其填充正红、正绿、正蓝色。首先对半透明的玻璃杯进行抠图，然后为玻璃杯替换纯色背景，如图 3.50 所示。

扫码看微视频

图 3.50

Step 01 打开文件，复制图层　执行"文件→打开"命令，在弹出的对话框中打开素材，接下来按快捷键 Ctrl+J 复制"背景"图层，如图 3.51 所示。

图 3.51

Step02 红通道抠图　在通道面板中按住 Ctrl 键选择"红"通道，创建选区，按快捷键 Ctrl+C 进行复制，回到图层面板中，按快捷键 Ctrl+V 进行粘贴。将复制出的图层的名称修改为"红"，然后按住 Ctrl 键选择"红"图层，创建选区，设置前景色为正红色（R：255，G：0，B：0），按快捷键 Alt+Delete 为选区填充颜色，按快捷键 Ctrl+D 取消选区，并设置该图层的混合模式为"变亮"，如图 3.52 所示。

Step03 绿通道抠图　继续在通道面板中按住 Ctrl 键选择"绿"通道，创建选区，按快捷键 Ctrl+C 进行复制，回到图层面板中，按快捷键 Ctrl+V 进行粘贴。将复制出的图层的名称修改为"绿"，然后按住 Ctrl 键选择"绿"图层，创建选区，设置前景色为正绿色（R：0，G：255，B：0），按快捷键 Alt+Delete 为选区填充颜色，按快捷键 Ctrl+D 取消选区，并设置该图层的混合模式为"滤色"，如图 3.53 所示。

图 3.52

图 3.53

Step04 蓝通道抠图　继续在通道面板中按住 Ctrl 键选择"蓝"通道，创建选区，按快捷键 Ctrl+C 进行复制，回到图层面板中，按快捷键 Ctrl+V 进行粘贴。将复制出的图层的名称修改为"蓝"，然后按住 Ctrl 键选择"蓝"图层，创建选区，设置前景色为正蓝色（R：0，G：0，B：255），按快捷键 Alt+Delete 为选区填充颜色，按快捷键 Ctrl+D 取消选区，并设置该图层的混合模式为"滤色"，如图 3.54 所示。

Step05 添加背景　在"红"图层之下新建一个"纯色背景"图层，设置前景色为咖色（R：61，G：47，B：0），按快捷键 Alt+Delete 为其填充颜色。再添加一个"曲线"图层，设置参数，将亮度压暗，如图 3.55 所示。

图 3.54

图 3.55

Step06 合成素材的添加　执行"文件→打开"命令，在弹出的"打开"对话框中选择"背景.jpg"文件，将其拖曳到页面之上并调整其位置。按快捷键 Ctrl+J 复制图层，并将复制出的图层命名为"背景 复制"，如图 3.56 所示。

图 3.56

Step07 玻璃杯素材的添加　将抠出来的玻璃杯合成到背景画面中。单击图层面板中的"创建新组"按钮，将玻璃杯图层编入新组。单击图层面板下方的"添加图层蒙版"按钮添加图层蒙版，然后用画笔工具擦除图像中不需要作用的部分，最终效果如图 3.57 所示。

图 3.57

3.5.3　实例：半透明薄纱抠图

　　本实例分两部分进行抠图，第一部分是使用钢笔工具将人像进行抠图，第二部分是利用通道将人物的头纱进行抠图。最后为人物替换背景，如图 3.58 所示。

扫码看微视频

图 3.58

Step01 打开文件，复制图层　执行"文件→打开"命令，在弹出的对话框中打开素材，接下来按快捷键 Ctrl+J 复制"背景"图层，如图 3.59 所示。

Step02 提亮画面　单击图层面板下方的"创建新的填充或调整图层"按钮，在弹出的下拉菜单中选择"色阶"选项，设置参数，将画面提亮，如图 3.60 所示。

图 3.59

图 3.60

Step03 降低亮度　选择"色阶"蒙版，利用黑色柔角画笔在人物脸部与腿部较亮的部分进行涂抹，使其亮度降低，效果如图 3.61 所示。

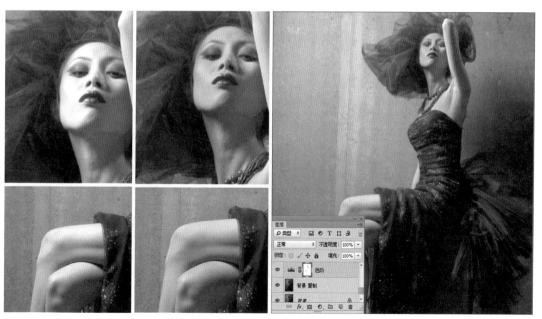

图 3.61

Step04 人像抠图　　盖印可见图层，单击工具箱中的"钢笔工具"按钮，沿着人物身体的边缘绘制封闭路径，绘制完成后按快捷键 Ctrl+Enter 将路径转换为选区，然后按快捷键 Ctrl+J 将选区内的图像复制到一个新的图层中，对人物身体进行抠图，如图 3.62 所示。

Step05 头纱抠图　　继续使用钢笔工具将人物头部以及头纱部分大致抠出。在通道面板中选择一个对比度较大的通道，在这里选择"蓝"通道，然后复制"蓝"通道，按快捷键 Ctrl+L，在弹出的"色阶"对话框中设置色阶参数，使其对比度更加明显。单击工具箱中的"快速选择工具"按钮，将头部以及头纱部分进行抠图。然后将"人像抠图"图层和"头纱"图层进行合并，如图 3.63 所示。

图 3.62

图 3.63

Step 06 渐变背景　新建一个"渐变背景"图层，单击工具箱中的"渐变填充"按钮，设置渐变色为白色到黑色，在页面上从右下角向左上角进行拖曳，填充线性渐变，如图 3.64 所示。

Step 07 盖印图层　按快捷键 Ctrl+Shift+Alt+E 盖印可见图层，如图 3.65 所示。

图 3.64

图 3.65

Step 08 自然饱和度　单击图层面板下方的"创建新的填充或调整图层"按钮，在弹出的下拉菜单中选择"自然饱和度"选项，设置参数。选择"自然饱和度"蒙版，按快捷键 Ctrl+I 反相，使用白色柔角画笔在右下角涂抹，将图像色调进行调整，如图 3.66 所示。

Step 09 将部分婚纱进行提亮　盖印可见图层，将盖印的图层名称修改为"提亮婚纱"。单击工具箱中的"减淡工具"按钮，降低不透明度，然后在裙子上涂抹，将裙子进行提亮，如图 3.67 所示。

图 3.66

图 3.67

Step10 修补婚纱 盖印可见图层，将盖印的图层名称修改为"修补"。执行"滤镜→液化"命令，在弹出的"液化"对话框中使用向前变形工具对裙子进行修补，单击"确定"按钮完成，如图 3.68 所示。

Step11 将整体进行调色 添加一个"曲线"，设置参数，将画面整体色调进行调整，如图 3.69 所示。

图 3.68　　　　　　　　　　　　　　　　　　　图 3.69

Step12 将头纱的颜色加深 继续添加一个"曲线"，设置参数。选择"曲线"蒙版，按快捷键 Ctrl+I 进行反相，然后使用白色柔角画笔在头纱上进行涂抹，使曲线效果只应用于头纱。案例的最终效果如图 3.70 所示。

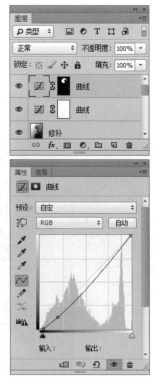

图 3.70

3.5.4　实例：发丝抠图

　　本实例主要通过观察通道，选择一个对比度更大的通道，将其进行复制，然后执行"色阶"命令，使该通道的对比度更加明显，从而使用快速选择工具将头发抠出，如图 3.71 所示。

扫码看微视频

图 3.71

Step 01 打开文件，复制图层　执行"文件→打开"命令，在弹出的对话框中打开素材，接下来按快捷键 Ctrl+J 复制"背景"图层，如图 3.72 所示。

Step 02 人像抠图　新建一个"纯色"图层，为其填充白色。单击工具箱中的"钢笔工具"按钮，将人物的身体抠出，如图 3.73 所示。

图 3.72

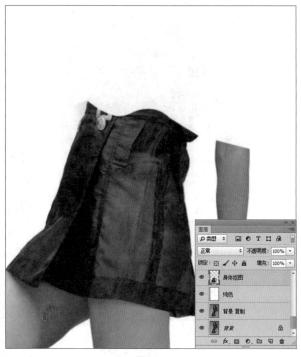

图 3.73

Step 03 头发抠图　将人物复制到一个新的图层。在通道面板中观察通道选择一个对比度较强的通道，这里选择"红"通道，将"红"通道进行复制，然后选择复制出的"红 拷贝"通道，按快捷键 Ctrl+L，在弹出的"色阶"对话框中设置参数，使对比度更加分明，设置完成后使用快速选择工具将头发进行选择，按快捷键 Ctrl+Shift+I 反转选区，按 Delete 键删除不需要的图像。回到图层面板，可以看到人物的头发已经被细致地抠出，如图 3.74 所示。

图 3.74

Step04 合并图层　选择"身体抠图"图层，按住 Shift 键选择"头发抠图"图层，单击鼠标右键，在弹出的快捷菜单中选择"合并图层"命令，将两个图层进行合并，图层名称修改为"人像抠图"，如图 3.75 所示。

Step05 提亮画面　执行"图像→调整→曲线"命令，或按快捷键 Ctrl+M，在弹出的"曲线"对话框中设置曲线参数，将人物提亮。按住 Alt 键为其添加一个反相蒙版，利用白色柔角画笔在人像上涂抹，将部分效果显示，如图 3.76 所示。

图 3.75

图 3.76

Step06 提亮衣服　单击图层面板下方的"创建新的填充或调整图层"按钮，在弹出的下拉菜单中选择"曲线"选项，设置参数。选择曲线蒙版，按快捷键 Ctrl+I 进行反相，利用白色柔角画笔在人物的裙子上进行涂抹，将曲线效果应用于裙子，如图 3.77 所示。

图 3.77

Step 07 磨皮 盖印可见图层，将盖印的图层的名称修改为"磨皮"。执行"滤镜→ Imagenomic → Portraiture"命令，在弹出的对话框中设置 Threshold 参数，将人物的皮肤进行磨皮，如图 3.78 所示。

图 3.78

Step 08 添加文字 单击工具箱中的"文字工具"按钮，在字符面板中设置文字的字体、字号、颜色等参数，在页面上输入文字，并在图层面板中将文字图层的不透明度修改为"67%"，如图 3.79 所示。

Step 09 添加曲线 添加"曲线"图层，设置曲线参数，将蒙版反相，利用白色柔角画笔将人物脖子的亮度进行提亮，如图 3.80 所示。

图 3.79

图 3.80

Step 10 添加色阶　添加"色阶"图层，设置色阶参数，如图 3.81 所示。

Step 11 创建剪贴蒙版　选择"色阶"图层，单击鼠标右键，在弹出的快捷菜单中选择"创建剪贴蒙版"命令，为其创建剪贴蒙版，如图 3.82 所示。

图 3.81

图 3.82

Step 12 面部皮肤修整　盖印可见图层，将盖印的图层的名称修改为"面部皮肤修整"，然后单击工具箱中的"减淡工具"按钮，对人物的皮肤进行修整，如图 3.83 所示。

Step 13 脸型修整　继续盖印图层，执行"滤镜→液化"命令，在弹出的"液化"对话框中使用向前变形工具，将人物的脸部进行液化，单击"确定"按钮完成，如图 3.84 所示。

图 3.83

图 3.84

3.6 抠图技巧总结

下面总结一下抠图技巧。

（1）不要为了抠图而抠图，虽然网络上有很多高级抠图的教程，例如通道、计算等，但在刚开始使用 Photoshop 完成抠图工作时更多的是用钢笔工具完成抠图。

（2）观察图片，能抠的抠，不好抠的应该优先考虑换图。

（3）时间就是金钱，尽可能做好前期拍摄，如果没有特别的要求，尽可能在简单的背景下进行拍摄。一些简易的拍摄道具能够有效地提高图片的质量，并且不需要投入太多成本，例如在拍摄静物时使用柔光箱，如图 3.85 所示。

图 3.85

（4）需要经常抠图的朋友最好买个手绘板，用手绘板抠图比用鼠标抠图更精细、方便，如图 3.86 所示。

（5）如果有需要，也可以使用第三方的 Photoshop 插件进行抠图，例如 KnockOut。

图 3.86

第 4 章

Photoshop 产品调色技术

本章主要通过照片对比的方式展示 Photoshop 能够帮助用户解决哪些调色问题。在实际应用中，Photoshop 调色功能主要被用来做下面三件事。

1. 解决原始照片的颜色缺陷
2. 根据创作意图改变图像整体或局部的颜色
3. 改变图片的意境

4.1　调色

在日常生活中经常使用数码相机进行拍摄，而几乎每一张数码照片都或多或少的需要进行调色，在调色前初学者需要了解一些基本的色彩知识，然后自己多动手练习，才能真正提高自身的摄影水平。

4.1.1　三大阶调

三大阶调是指高光、中间调和阴影。

高光：高光也叫亮调，是图像中最亮的部分，被称为白场。

中间调：中间调就是图像中除了最暗和最亮部分的其他地方，被称为灰场。

阴影：阴影也叫暗调，是图像中最暗的地方，被称为黑场。

4.1.2　色彩的三要素

色彩的三要素是指色相、饱和度和明度。

色相："这是什么颜色"，人们通常在问这个问题的时候其实问的就是图像的色相。红、橙、黄、绿、青、蓝、紫这些都是色相。图 4.1 为不同色相的图片。

饱和度：饱和度指的是色彩的鲜艳程度，当饱和度很高时，画面看起来会很鲜艳；当饱和度很低时，画面看起来就像黑白的。

明度：明度指的是色彩的明暗度，明度越高，画面看起来越白；明度越低，画面看起来越黑。

执行"图像→调整→色相 / 饱和度"命令，或按快捷键 Ctrl+U，弹出"色相 / 饱和度"对话框，保持"饱和度"和"明度"的参数不变，调节"色相"的参数，图像中的颜色会得到相应的改变，从而改变原图中的色相，如图 4.2 所示。

图 4.1

降低饱和度的参数，可以使图片色彩减弱甚至到黑白色调，如图 4.3 所示；提高饱和度的参数，可以使图片色彩看起来更鲜艳，如图 4.4 所示。

降低明度的参数可以使图片变暗，如图 4.5 所示；提高明度的参数可以使图片变亮，如图 4.6 所示。

图 4.2

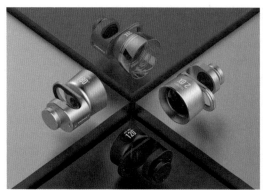

图 4.3

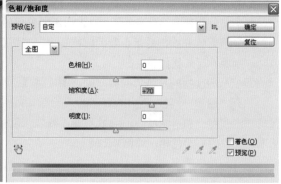

图 4.4

图 4.5

图 4.6

4.1.3　颜色的冷暖

无论是有彩色还是无彩色，都有自己的表情特征，不同的颜色代表着不同的含义，冷色调常给人压抑的感觉，而暖色调则带给人温暖的感觉。

如图 4.7 所示，左侧为冷色，右侧为暖色。

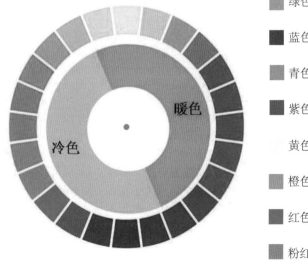

绿色象征生命、清爽

蓝色象征文静、安详

青色象征干净、沉着

紫色象征神秘、典雅

黄色象征

橙色象征欢乐、活波

红色象征温暖、活力

粉红象征兴奋、热情

图 4.7

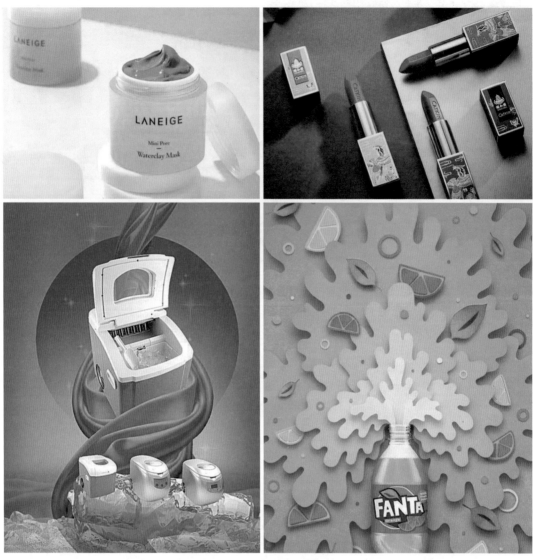

图 4.7（续）

4.1.4 读懂直方图

执行"窗口→直方图"命令，打开直方图面板，在直方图上可以直观地看到整个图片的阶调信息和色彩信息，可以用来发现图片中存在的色彩问题。

在色阶中可以看到直方图，在曲线中也可以看到直方图。

在直方图中可以看到一座或几座山，这些山表示图像像素的分别情况，大约将山所在的方格分成三份，左边表示阴影，中间部分表示中间调，右侧表示高光，如图 4.8 所示。

在分析一张图片的色彩分布时，应该结合图片的直观感觉和直方图中的数据来进行分析。从该图像上可以看到：

（1）大面积绿色的画不是特别亮，也不是特别暗，属于中间调。

（2）有阴影部分的草地看起来比较暗，所以属于暗调。

（3）天空中有些区域看起来比较透亮，所以属于高光。

从图像上和直方图上看到的信息是调色的前提条件。从这张图的直方图中可以看到：

（1）中间调以黄绿色为主，而且这张图大部分都是绿色的中间调。红色对应的是云层中的红色部分。

（2）暗调为暗绿色，对应的应该是画面中阴影草地的部分。

（3）高光的信息很少，说明画面中亮光的区域很少。

图 4.8

4.2　常用调色工具

在 Photoshop 的"调整"子菜单下提供了多种调色工具，用户可以使用这些工具对存在色彩问题的照片进行调色处理，从而使图像更漂亮。

4.2.1　色阶

"色阶"命令经常在扫描完图像后调整颜色的时候使用，它可以对亮度过暗的照片进行充分的颜色调整。执行"图像→调整→色阶"命令，在弹出的"色阶"对话框中会显示直方图，利用下端的滑块可以调整颜色。其中，左边滑块代表阴影，中间滑块代表中间调，右边滑块代表高光。

分析原图　观察到图片太暗，直方图中没有高光，如图 4.9 所示。

操作：向左移动滑块，地面更亮，如图 4.10 所示。

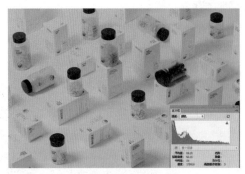

图 4.9

图 4.10

分析原图　观察到图片太亮，直方图中没有阴影，如图 4.11 所示。

操作：向右移动滑块出现阴影，立体感突出，如图 4.12 所示。

图 4.11

图 4.12

分析原图　观察到图片太灰，直方图中没有阴影和高光，如图 4.13 所示。

操作：同时向中间移动黑白滑块，画面层次感凸显，如图 4.14 所示。

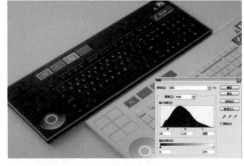

图 4.13

图 4.14

4.2.2　曲线

使用"曲线"命令可以调整图像的整个色调范围及色彩平衡。执行"图像→调整→曲线"命令，弹出"曲线"对话框，可以利用曲线精确地调整颜色。在默认状态下，移动曲线顶部的点主要是调整高光；移动曲线中间的点主要是调整中间调；移动曲线底部的点主要是调整暗调。

　　分析原图　观察到图片过灰，地面过暗，直方图中没有阴影和高光，如图 4.15 所示。

　　操作：利用反"S"分别调整暗部和亮部，减弱对比，使图片出现细节，如图 4.16 所示。

图 4.15

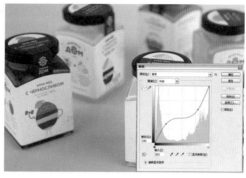
图 4.16

　　分析原图　观察到瓶盖标签的颜色受环境色影响，不够绿，暗淡、发黄，如图 4.17 所示。

　　操作 1：建立选区　选择工具箱中的快速选择工具，将图像中的标签部分建立为选区，如图 4.18 所示。

图 4.17

图 4.18

　　操作 2：羽化选区　右击选区，选择"羽化"命令，设置羽化半径为 3 像素，如图 4.19 所示。

　　操作 3：调整参数　打开"曲线"对话框，选择"绿"通道，调节参数，使绿色恢复色相，如图 4.20 所示。

图 4.19

图 4.20

4.2.3 曝光度

"曝光度"命令专门用于调整 HDR 图像的曝光度。执行"图像→调整→曝光度"命令，打开
"曝光度"对话框，通过调整曝光度、位移以及灰度系数校正 3 个参数来校正画面存在的曝光
问题。

分析原图　观察到图片曝光过度，面画雾蒙蒙一片，如图 4.21 所示。

操作：调节"位移"滑块，使阴影和中间调变暗，画面层次感出现，如图 4.22 所示。

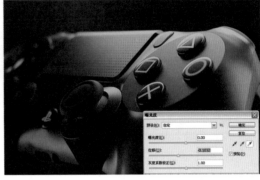

图 4.21　　　　　　　　　　　　　　　　　　图 4.22

分析原图　观察到图片曝光不足，面画整体偏黑，如图 4.23 所示。

操作：调节"曝光度"及"位移"滑块，使画面色调变亮，立体感凸显，如图 4.24 所示。

图 4.23　　　　　　　　　　　　　　　　　　图 4.24

4.2.4 色相 / 饱和度

"色相 / 饱和度"命令可以用来对色相、饱和度、明度进行修改，既可以单独调整单一颜色的色
相、饱和度、明度，也可以同时调整图像中所有颜色的色相、饱和度、明度。执行"图像→调整→色
相 / 饱和度"命令，可以打开"色相 / 饱和度"对话框。

分析原图　观察到图片色彩不饱满，颜色不够鲜艳，如图 4.25 所示。

操作：调整饱和度的参数，使画面色彩鲜艳，如图 4.26 所示。

图 4.25　　　　　　　　　　　　　　　　　　图 4.26

4.2.5 色彩平衡

"色彩平衡"命令利用颜色滑块调整颜色的均衡，一般用来调整偏色的照片。执行"图像→调整→色彩平衡"命令，打开"色彩平衡"对话框，分别调整高光、中间调和阴影三种色调，可以调整其中一种或两种色调，也可以调整全部色调。

分析原图　观察到图片存在严重的偏色问题，脸部皮肤的色彩过于红润，无法表现出皮肤的白皙透亮，如图 4.27 所示。

操作 1：选择"中间调"单选按钮，调节滑块，初步改善偏色问题，如图 4.28 所示。

图 4.27　　　　　　　　　　　　　　　　　　图 4.28

操作 2：选择"阴影"单选按钮，调节滑块，进一步解决偏色问题，如图 4.29 所示。

操作 3：选择"高光"单选按钮，调节滑块，人物的皮肤恢复正常色调，如图 4.30 所示。

图 4.29 　　　　　　　　　　　　　　　　　　　　图 4.30

4.3 实例：水果图片调色

　　本实例中的樱桃照片，可能由于拍摄光线的问题，导致拍摄出来的樱桃色泽不饱满，可以通过后期处理来修复这些问题，执行"曲线""色彩平衡""曝光度""色阶"等命令可以提高樱桃的亮度，改变樱桃的色泽，使其看起来色泽饱满、诱人，如图 4.31 所示。

扫码看微视频

图 4.31

Step01 打开素材　执行"文件→打开"命令，或按快捷键 Ctrl+O，打开素材文件 4-3.jpg，将"背景"图层拖曳到图层面板下方的"创建新图层"按钮 上，得到"背景 副本"图层，如图 4.32 所示。

图 4.32

Step02 改 变 图 像 曝 光
单击图层面板下方的"创建新的填充或调整图层"按钮 ，在弹出的下拉菜单中选择"曝光度"选项，然后调节参数，使画面看起来更亮，如图 4.33 所示。

图 4.33

Step03 调整画面中间调
单击图层面板下方的"创建新的填充或调整图层"按钮 ，在弹出的下拉菜单中选择"色彩平衡"选项，然后调节参数，如图 4.34 所示。

图 4.34

Step 04 调整画面高光色调　选择"高光"单选按钮，调节参数，改变画面的高光色调，如图 4.35 所示。

图 4.35

Step 05 调整画面阴影　选择"阴影"单选按钮，调节参数，改变画面阴影处的色调，如图 4.36 所示。

图 4.36

Step 06 提亮画面　单击图层面板下方的"创建新的填充或调整图层"按钮，在弹出的下拉菜单中选择"曲线"选项，然后调节参数，如图 4.37 所示。

图 4.37

Step 07 调整红色调　选择"红"通道，调节参数，将图像中樱桃的红色调稍微调暗一些，如图 4.38 所示。

图 4.38

Step 08 调整蓝色调　选择"蓝"通道，调节参数，为图像添加蓝色调，如图 4.39 所示。

图 4.39

Step 09 调整樱桃色调　单击图层面板下方的"创建新的填充或调整图层"按钮❷，在弹出的下拉菜单中选择"可选颜色"选项，然后选择红色，调节参数，如图 4.40 所示。

图 4.40

Step 10 增加画面亮度　单击图层面板下方的"创建新的填充或调整图层"按钮❷，在弹出的下拉菜单中选择"色阶"选项，然后调节参数，增加画面亮度，如图 4.41 所示。

图 4.41

Step 11 调整画面高光色调　单击图层面板下方的"创建新的填充或调整图层"按钮❷，在弹出的下拉菜单中选择"色彩平衡"选项，然后调节参数，如图 4.42 所示。

图 4.42

Step12 再次调整画面高光色调　选择"高光"单选按钮，调节参数，改变画面的高光色调，如图 4.43 所示。

图 4.43

Step13 再次调整画面阴影色调　选择"阴影"单选按钮，调节参数，改变画面的阴影色调，如图 4.44 所示。

图 4.44

Step14 调整红通道　单击图层面板下方的"创建新的填充或调整图层"按钮 ，在弹出的下拉菜单中选择"曲线"选项，然后选择"红"通道，调节参数，如图 4.45 所示。

图 4.45

4.4 实例：美食图片调色

　　本实例照片存在很多色彩问题，首先整体画面色调偏暗，画面亮度不够，色彩层次感表现得不够明显，其次画面中的玻璃杯不够清透，其他物体的色调也不够亮丽，可以通过"可选颜色""曝光度""曲线""色阶"等命令来调整画面存在的问题，还原玻璃杯清透的色泽，如图 4.46 所示。

扫码看微视频

原图

效果图

图 4.46

Step 01 打开素材　执行"文件→打开"命令，或按快捷键 Ctrl+O，打开素材文件 4-4.jpg，然后将"背景"图层拖曳到图层面板下方的"创建新图层"按钮█上，得到"背景 副本"图层，如图 4.47 所示。

图 4.47

Step 02 增加画面亮度　单击图层面板下方的"创建新的填充或调整图层"按钮█，在弹出的下拉菜单中选择"亮度 / 对比度"选项，然后调节参数，增加画面亮度，如图 4.48 所示。

图 4.48

Step 03 使暗部更亮　单击图层面板下方的"创建新的填充或调整图层"按钮█，在弹出的下拉菜单中选择"色阶"选项，然后调节参数，使画面暗部更亮，如图 4.49 所示。

图 4.49

Step 04 改变图像曝光　单击图层面板下方的"创建新的填充或调整图层"按钮 ⬛，在弹出的下拉菜单中选择"曝光度"选项，然后调节参数，使画面起来更亮，如图 4.50 所示。

图 4.50

Step 05 增加冷色调　单击图层面板下方的"创建新的填充或调整图层"按钮 ⬛，在弹出的下拉菜单中选择"照片滤镜"选项，然后调节参数，如图 4.51 所示。

图 4.51

Step 06 隐藏图像　将"照片滤镜 1"图层的图层蒙版缩览图确认为选中状态，然后选择工具箱中的画笔工具，设置前景色为黑色，在图像上进行涂抹，将不需要的部分隐藏，如图 4.52 所示。

图 4.52

Step07 增加画面饱和度　单击图层面板下方的"创建新的填充或调整图层"按钮，在弹出的下拉菜单中选择"色相/饱和度"选项，然后调节参数，使画面鲜艳，如图 4.53 所示。

图 4.53

Step08 调整红色　单击图层面板下方的"创建新的填充或调整图层"按钮，在弹出的下拉菜单中选择"可选颜色"选项，然后在"颜色"下拉列表中选择"红色"，并调节参数，如图 4.54 所示。

图 4.54

Step09 调整黄色　在"颜色"下拉列表中选择"黄色"，调节参数，如图 4.55 所示。

图 4.55

Step 10 调整中性色　在"颜色"下拉列表中选择"中性色"，调节参数，如图 4.56 所示。

图 4.56

Step 11 将图像变亮　选择"背景 副本"图层，将该图层的混合模式设置为"滤色"，然后调节不透明度的参数，如图 4.57 所示。

Step 12 隐藏图像　单击图层面板下方的"添加图层蒙版"按钮，为该图层添加图层蒙版，然后选择黑色画笔工具，在图像上涂抹，如图 4.58 所示。

图 4.57

图 4.58

Step 13 突出画面主体　按快捷键 Ctrl+E，向下合并，得到"背景"图层。再次复制"背景"图层，得到"背景 副本"图层，然后执行"滤镜→其他→高反差保留"命令，在弹出的对话框中设置参数，如图 4.59 所示。

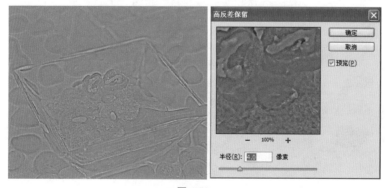

图 4.59

Step14 加深图像边缘　将"背景 副本"图层的混合模式设置为"柔光",加深图像边缘效果,如图 4.60 所示。

图 4.60

Step15 增加画面饱和度　单击图层面板下方的"创建新的填充或调整图层"按钮 ,在弹出的下拉菜单中选择"色相／饱和度"选项,然后调节参数,如图 4.61 所示。

图 4.61

4.5 实例：甜品图片调色

本实例照片存在明显的色彩问题，整体画面色调偏暗，画面亮度不够，色彩层次感表现得不够强烈，画面色调不够鲜艳，可以通过"可选颜色""曝光度""曲线""色阶"等命令来调整，使画面的色调饱满，如图 4.62 所示。

扫码看微视频

图 4.62

Step 01 打开素材 执行"文件→打开"命令，或按快捷键 Ctrl+O，打开素材文件 4-5.jpg，然后将"背景"图层拖曳到图层面板下方的"创建新图层"按钮 上，得到"背景 副本"图层，如图 4.63 所示。

图 4.63

Step02 提高画面亮度　单击图层面板下方的"创建新的填充或调整图层"按钮，在弹出的下拉菜单中选择"曲线"选项，然后调节参数，提高画面的亮度，如图 4.64 所示。

图 4.64

Step03 增加画面饱和度　单击图层面板下方的"创建新的填充或调整图层"按钮，在弹出的下拉菜单中选择"自然饱和度"选项，然后调节参数，增加画面的饱和度，如图 4.65 所示。

图 4.65

Step 04 增加画面对比　单击图层面板下方的"创建新的填充或调整图层"按钮，在弹出的下拉菜单中选择"亮度 / 对比度"选项，然后调节参数，如图 4.66 所示。

图 4.66

Step 05 精细调整画面色调　单击图层面板下方的"创建新的填充或调整图层"按钮，在弹出的下拉菜单中选择"可选颜色"选项，然后在"颜色"下拉列表中分别选择"红色""黄色""白色""中性色"，调节参数，均衡调整画面色调，如图 4.67 所示。

图 4.67

Step 06 使画面色调鲜艳　单击图层面板下方的"创建新的填充或调整图层"按钮 ⬚，在弹出的下拉菜单中选择"色相/饱和度"选项，然后调节参数，如图 4.68 所示。

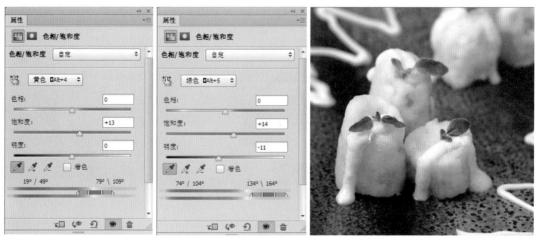

图 4.68

Tips

在对图像调整完成后，可以单击图层前面的显示和隐藏按钮，观察调整后的效果，对图像的前后效果进行对比，这样有利于更好地调整图像。

Step 07 调整黄色调　单击图层面板下方的"创建新的填充或调整图层"按钮 ⬚，在弹出的下拉菜单中选择"可选颜色"选项，然后在"颜色"下拉列表中选择"黄色"，调节参数，如图 4.69 所示。

图 4.69

111

Step08 增加画面对比　单击图层面板下方的"创建新的填充或调整图层"按钮▨，在弹出的下拉菜单中选择"曲线"选项，然后分别对不同颜色的通道进行参数的调节，使画面中的对比效果更强，如图 4.70 所示。

图 4.70

Step09 增白画面　选择"背景 副本"图层，将该图层的混合模式设置为"滤色"，并降低不透明度的参数，如图 4.71 所示。

Step10 添加蒙版，隐藏图像　单击图层面板下方的"添加图层蒙版"按钮，为该图层添加图层蒙版，然后选择画笔工具，设置前景色为黑色，在图像上涂抹，将不需要的部分隐藏，如图 4.72 所示。

图 4.71

图 4.72

Step11 再次调整黄色调　单击图层面板下方的"创建新的填充或调整图层"按钮 ，在弹出的下拉菜单中选择"可选颜色"选项，然后在"颜色"下拉列表中选择"黄色"，调节参数，如图 4.73 所示。

图 4.73

Step12 提亮高光　单击图层面板下方的"创建新的填充或调整图层"按钮 ，在弹出的下拉菜单中选择"曲线"选项，然后调节参数，提亮高光，如图 4.74 所示。

图 4.74

4.6 仿色

把一张原图模仿成参考图的颜色效果（经常会有客户来修图的时候拿着一张效果图，让把原图模仿成他拿来的这张图的效果），这是工作中经常遇到的情况。就算客户不提供参考图，也要主动询问客户到底要什么样的效果，通过客户所提供的参考图就能大概知道他要的效果是一个什么样的修图档次（是淘宝，服装，广告还是杂志大片）。参考图能体现出单子的价值，这涉及修图的报价，这一点很重要。不可能客户很模糊地表达修的图是干什么用的，就给客户盲目报价，这有点太仓促了。参考图是跟客户前期沟通的一个很重要的依据。

4.6.1 实例：模仿一个风光大片

晶格化处理在追色的过程中扮演了举足轻重的角色，使图像颜色的分布情况变得一目了然，方便用户将图像的配色方案精确地提取出来，为下一步的追色做好必要的准备工作。在追色的具体操作中，只有认真分析原图与参考图之间颜色的对应关系才能有针对性地进行追色，如图 4.75 所示。

扫码看微视频

原图

参考图

效果图

图 4.75

Step01 打开图像并对图像进行分析　执行"文件→打开"命令，在弹出的"打开"对话框中选择参考素材文件和原图素材文件将它们打开。对这两张图片进行色调分析，首先将图片晶格化，通过云朵、植物以及水面部分找出最具代表性的三种颜色，如图 4.76 所示。

图 4.76

　　黄色代表了图像中的云朵部分，可以对应原图中云的颜色；深绿色代表了植物的颜色，可以对应原图中植物的颜色；蓝色代表了水面的颜色，可以对应原图中水面的颜色。

Step02 打开文件，复制图层　打开原图素材文件，按快捷键 Ctrl+J，复制"背景"图层，如图 4.77 所示。

图 4.77

Step 03 加深与减淡　复制图层，分别单击工具箱中的"加深工具"按钮和"减淡工具"按钮，在画面中涂抹，加深或减淡图像的颜色，如图 4.78 所示。

图 4.78

Step 04 调整云朵色调　单击图层面板下方的"创建新的填充或调整图层"按钮，在弹出的下拉菜单中选择"曲线"选项，然后在属性面板中调整曲线。选中曲线蒙版，按快捷键 Ctrl+I，将蒙版转化为反相蒙版，然后选择白色柔角画笔，在画面中的云朵位置涂抹，调整云朵的色调，如图 4.79 所示。

图 4.79

Step05 为云朵加色　按快捷键 Ctrl+Shift+Alt+E 盖印图层，按快捷键 Ctrl+Alt+2 载入高光选区。设置前景色为黄色（R：255，G：255，B：0），新建图层，按快捷键 Alt+Delete 为选区填充黄色，按快捷键 Ctrl+D 取消选区。设置图层的混合模式，按 Alt 键复制曲线蒙版，如图 4.80 所示。

图 4.80

Step06 加深与减淡　盖印图层，分别单击工具箱中的"减淡工具"按钮和"加深工具"按钮，在画面中的云朵区域涂抹，加深或减淡云朵的颜色，如图 4.81 所示。

图 4.81

Step07 调整山体色调　执行"曲线"命令，在属性面板中调整曲线。选中曲线蒙版，将其转化为反相蒙版，然后选择白色柔角画笔，在画面中两侧的山体位置涂抹，调整山体的色调，如图 4.82 所示。

图 4.82

Step08 调整水面色调　执行"曲线"命令，在属性面板中调整曲线。选中曲线蒙版，将其转化为反相蒙版，然后选择白色柔角画笔，在画面中的水面区域涂抹，调整水面的色调，如图 4.83 所示。

图 4.83

Step09 继续调整水面色调　执行"曲线"命令，在属性面板中调整曲线。选中曲线蒙版，将其转化为反相蒙版，然后选择白色柔角画笔，在画面中水面未调整完全的区域涂抹，调整水面的色调，如图 4.84 所示。

Step10 调整草地色调　执行"曲线"命令，在属性面板中调整曲线。选中曲线蒙版，将其转化为反相蒙版，然后选择白色柔角画笔，在画面中的草地区域涂抹，调整草地的色调，如图 4.85 所示。

图 4.84

图 4.85

Step 11 添加阴影　执行"曲线"命令，在属性面板中调整曲线。选中曲线蒙版，将其转化为反相蒙版，然后选择白色柔角画笔，在画面中的山体和草地区域涂抹，为山体和草地区域添加阴影，如图 4.86 所示。

Step 12 创建"中灰"图层　盖印图层，然后新建图层，设置前景色为中灰色（R：128，G：128，B：128），按快捷键 Alt+Delete 为图层填充中灰色，并设置图层的混合模式为"柔光"。单击工具箱中的"画笔工具"按钮，分别使用黑色柔角画笔和白色柔角画笔加深或减淡图像，重新塑造图像光影，如图 4.87 所示。

图 4.86

图 4.87

Step13 调整天空色调　执行"曲线"命令，利用相似的调整方法调整天空的色调，如图 4.88 所示。

Step14 为云朵加色　执行"曲线"命令，在属性面板中调整曲线。选中曲线蒙版，将其转化为反相蒙版，然后选择白色柔角画笔在画面中需要加色的云朵位置涂抹，为云朵加色，如图 4.89 所示。

Step15 锐化　盖印图层，然后执行"滤镜→锐化→ USM 锐化"命令，在弹出的"USM 锐化"对话框中设置参数，单击"确定"按钮。添加图层蒙版，选择黑色柔角画笔在画面中的天空区域涂抹，如图 4.90 所示。

图 4.88

图 4.89

图 4.90

Step 16 减淡云朵阴影　盖印图层，单击工具箱中的"减淡工具"按钮，在画面中的云朵阴影区域涂抹，减淡云朵阴影，如图 4.91 所示。

图 4.91

Step 17 最终效果　执行"曲线"命令，在属性面板中调整曲线。选中曲线蒙版，将其转化为反相蒙版，然后选择白色柔角画笔在画面中的水面及山体部位涂抹，提亮水面及山体的颜色，如图 4.92 所示。

图 4.92

4.6.2　实例：模仿一个影视海报

本实例主要使用钢笔工具对人物进行抠图，然后提亮画面，添加曲线、色相/饱和度等图层，对图像的色调进行调整，最后添加文字，如图 4.93 所示。

扫码看微视频

参考图

原图

效果图

By:caiyunziliao No.1504568604541245242

图 4.93

Step01 **新建文件**　执行"文件→新建"命令，在弹出的对话框中设置文件的大小，单击"确定"按钮完成，如图 4.94 所示。

Step02 **填充背景颜色**　设置前景色为黑色，按快捷键 Alt+Delete 为其填充颜色，如图 4.95所示。

图 4.94

图 4.95

Step03 **打开图像并对图像进行分析**　执行"文件→打开"命令，在弹出的"打开"对话框中选择参考素材文件和原图素材文件将它们打开。对这两张图片进行色调分析，首先将图片晶格化，通过背景、人物衣服以及高光部分找出最具代表性的三种颜色，如图 4.96 所示。

图 4.96

咖色代表了图像中人物衣服的高光部分，可以对应原图中人物衣服高光的颜色；深咖色代表了人物衣服的颜色，可以对应原图中人物衣服的颜色；黑色代表了背景颜色，可以对应原图中的背景颜色。

Step04 添加素材　执行"文件→打开"命令，在弹出的对话框中打开素材，将其放置到合适的位置。按住 Alt 键单击图层面板下方的"添加图层蒙版"按钮，为其创建一个反相蒙版，然后利用白色柔角画笔将部分图像进行显示，如图 4.97 所示。

Step05 盖印图层　按快捷键 Ctrl+Shift+Alt+E 盖印可见图层，如图 4.98 所示。

图 4.97

图 4.98

Step06 人像抠图　执行"文件→打开"命令，在弹出的对话框中打开素材文件，将其放置到合适的位置。单击工具箱中的"钢笔工具"按钮，设置工作模式为"路径"，沿着人物轮廓绘制封闭路径，绘制完成后按快捷键 Ctrl+Enter 将路径转换为选区。按快捷键 Ctrl+Shift+I 反转选区，按 Delete 键删除多余的背景，如图 4.99 所示。

图 4.99

Step07 提亮画面　复制盖印图层，将复制出的图层的名称修改为"提亮"，并将该图层的混合模式修改为"滤色"。为该图层添加一个反相蒙版，利用白色柔角画笔在人物身上涂抹，将部分区域进行提亮，如图 4.100 所示。

图 4.100

Step08 添加曲线　单击图层面板下方的"创建新的填充或调整图层"按钮，在弹出的下拉菜单中选择"曲线"选项，设置参数。选中曲线蒙版，按快捷键 Ctrl+I 进行反相，利用白色柔角画笔在人物上涂抹，将部分效果进行显示，如图 4.101 所示。

图 4.101

Step09 添加色相 / 饱和度　添加一个"色相 / 饱和度"图层，设置参数，使人物脸部的红色减淡，如图 4.102 所示。

图 4.102

Step10 创建"中灰"图层　执行"图层→新建→图层"命令，在弹出的"新建图层"对话框中设置图层名称为"中灰"，将图层的混合模式修改为"柔光"，并勾选"填充柔光中性色"复选框，单击"确定"按钮完成。利用黑色柔角画笔在画面中进行涂抹，使画面更具有立体感，如图 4.103 所示。

图 4.103

Step 11 添加文字　单击工具箱中的"文字工具"按钮,在字符面板中设置文字的"字体""字号""颜色"等参数,在页面上输入文字。双击该文字图层,在弹出的"图层样式"对话框中分别选择"斜面和浮雕""描边""内发光""渐变叠加"选项,设置参数,为文字添加效果,如图 4.104所示。

图 4.104

Step 12 添加文字　使用与上述同样的方法添加文字的最终效果如图 4.105 所示。

图 4.105

4.7 调色技巧总结

当拿到一张照片的时候，通常要想到下面的问题。

（1）照片看起来是正常的色调吗？有没有存在偏色的问题？或者太亮、太暗、太灰，或者色彩不够鲜艳、饱满等。

（2）希望将它调成什么色调？使它更清新一点、更暗沉一些或者颜色更饱和一些等。

拿到一张照片需要做下面一些简单工作：

（1）执行"色阶"命令，提亮画面色调。

（2）执行"色彩/饱和度"命令，增加照片饱和度，使图像色彩更丰富。

（3）执行"曲线"命令，加强照片对比。

（4）执行"锐化"命令，使图像边缘清晰。

修图前需要掌握以下技巧：

（1）养成好的习惯，按快捷键 Ctrl+J 复制图层，在不破坏原图的情况下处理照片。

（2）先分析原图，想好准备做什么，然后开始动手。

（3）新建图层时为图层重命名，这样有利于后期操作。

（4）尽量使用调整图层进行调整，这样可以随时对调整后的参数进行修改。

本章给大家介绍关于产品的瑕疵修补技术，主要解决既要修出产品本身的质感又要保证产品边缘足够清晰的问题。在操作的过程中，大家需要注意的是产品的光照效果，让产品产生立体感和光感，通过各种调色、修补方法让不同质地的材质体现出原有的效果。

5.1 实例：修补划痕

许多读者或许都听过标尺工具，但是其具体的作用以及用法并不是每一个读者都十分清楚的。在这里着重给大家介绍标尺工具在拉直图层和产品修复中所起到的重要作用，尤其在产品修图中通过将标尺工具和动感模糊结合使用，使得产品修图变得轻松而高效。本实例的效果如图 5.1 所示。

扫码看微视频

原图

效果图

图 5.1

Step01 打开素材　执行"文件→打开"命令，在弹出的"打开"对话框中选择素材文件，单击"打开"按钮，如图 5.2 所示。

Step02 复制"背景"图层　复制图层并将名称修改为"动感模糊"，然后使用放大镜工具将图像进行放大，可以清楚地看到手机侧面的划痕。单击工具箱中的"标尺工具"按钮，在选项栏中A 代表测量的角度，在进行测量的时候需要将角度精确到整数，这样便于下一步的操作，使用标尺工具在手机的侧面棱角上拉出角度为 11°的直线，如图 5.3 所示。

图 5.2

图 5.3

Step 03 动感模糊　执行"滤镜→模糊→动感模糊"命令，弹出"动感模糊"对话框，在"角度"文本框中输入刚才测量的角度（即 11°），设置"距离"为 150 像素，单击"确定"按钮。单击图层面板下方的"添加图层蒙版"按钮 ，为其添加图层蒙版，然后使用黑色画笔将手机不需要模糊的地方进行还原，如图 5.4 所示。

图 5.4

Step 04 调色　单击图层面板下方的"创建新的填充或调整图层"按钮 ，在弹出的下拉菜单中选择"曲线"选项，设置曲线参数，将手机进行适当的调色，如图 5.5 所示。

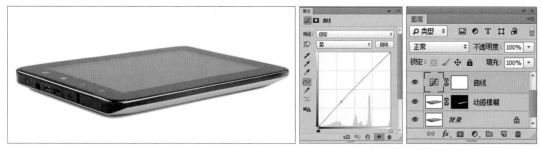

图 5.5

Step 05 完成效果　按快捷键 Ctrl+Shift+Alt+E 盖印可见图层，将盖印的图层名称修改为"锐化"。执行"滤镜→锐化→USM 锐化"命令，在弹出的"USM 锐化"对话框中设置参数，单击"确定"按钮，然后在图层面板中将该图层的不透明度调整为 50%，使手机的轮廓更加清晰，案例完成，如图 5.6 所示。

图 5.6

5.2　实例：保存路径图片

在对图片的一些处理工作中总是会用到存储路径，而一般的存储路径的方法会使图片过大，这样不利于远程传输，那么在一些必须要进行远程传输带路径图片的工作中，本例中所讲的方法就显得非常重要与实用。本例中主要讲解了 JPG 格式带路径的方法，可能有很多人不知道其实 JPG 格式是可以带路径的，而且即使带上路径，图片的大小也不会增加多少，这无疑是一个远程传输大量带路径图片的工作中的福音。本实例效果如图 5.7 所示。

扫码看微视频

图 5.7

Step 01 打开素材　执行"文件→打开"命令，在弹出的"打开"对话框中选择素材文件，单击"打开"按钮，如图 5.8 所示。

图 5.8

Step 02 选择钢笔工具　在工具箱中单击"钢笔工具"按钮，在选项栏中选择工具的模式为"路径"，在图层面板中单击"路径"按钮，打开路径面板，如图 5.9 所示。

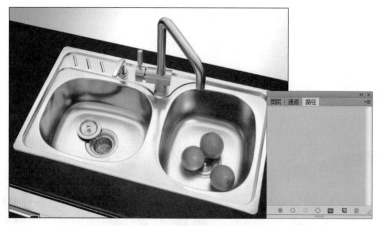

图 5.9

Step 03 绘制路径　单击路径面板下方的"创建新路径"按钮新建路径图层，在画面中绘制水池外轮廓路径。为了使大家看得更加清楚，路径都会使用红色线标记出来，如图 5.10 所示。

图 5.10

Step 04 继续绘制路径　再次单击路径面板下方的"创建新路径"按钮新建路径图层，在画面中绘制水池内轮廓路径，如图 5.11 所示。

图 5.11

Step 05 保存路径　使用相似的方法分别绘制其他路径，绘制完成后按快捷键 Ctrl+S 存储图片，现在这张图片已经保存了刚才绘制的路径了，如图 5.12 所示。

图 5.12

Step 06 独立图层　在本例中需要特别注意，在每次重新绘制新的路径前都要新建路径图层，使每个单独的闭合路径都有独立的图层。这么做的原因不仅仅是为了看起来简洁明了、一目了然，更重要的是可以分别对路径进行编辑与精细调整，如图 5.13 所示。

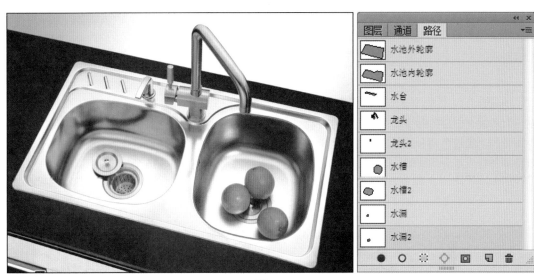

图 5.13

5.3　实例：自动对焦图片

有摄影经历的读者或许遇到过这样的情况：在一个静物拍摄的若干照片中，最终挑选出了两张比较理想的照片，遗憾的是这两张照片的焦距却是不相同的。如果能将两张照片进行融合，那么出来的效果会是非常完美的，但其中的工作量也是不小的。两张照片的融合尚且如此，几十张甚至于几百张照片需要处理的时候又该怎么去做呢？下面将要说到的将文件载入堆栈这一方法就可以轻松地解决上述问题。本例的效果如图 5.14 所示。

扫码看微视频

图 5.14

Step 01 打开素材　执行"文件→ 脚本→ 将文件载入堆栈"命令，在弹出的"载入图层"对话框中单击"浏览"按钮，选择需要载入堆栈的文件，单击"确定"按钮，如图 5.15 所示。

图 5.15

Step 02 自动对焦　在图层面板中同时选中"前实后虚"图层和"后实前虚"图层，执行"编辑→自动混合图层"命令，在弹出的"自动混合图层"对话框中选择"堆叠图像"单选按钮并勾选左下角的"无缝色调和颜色"复选框，单击"确定"按钮将所选图层进行混合处理，最终得到了前景部分和背景部分均清晰的图像。最后将图像进行简单的修调，如图 5.16 所示。

图 5.16

5.4　实例：制作无缝背景花纹

手绘是现今十分流行的一种风格，如果将手绘的样式变成背景图案并灵活地应用于各种广告、画册以及电商宣传中则是不错的选择。在本案例中通过手绘结合使用定义图案制作出可爱的以餐具为主题的背景图案，再搭配以褐色背景使整体画面显得个性十足。本实例的效果如图 5.17所示。

扫码看微视频

图 5.17

Step01 新建文件　执行"文件→新建"命令，在弹出的"新建"对话框中设置参数，然后单击"确定"按钮，如图 5.18 所示。

Step02 新建背景　新建一个"纯色背景"图层，设置前景色为绿色（R：172，G：210，B：113），按快捷键 Alt+Delete 填充颜色，如图 5.19 所示。

图 5.18　　　　　　　　　　　　　　　图 5.19

Step03 拖入花朵素材　执行"文件→打开"命令，在弹出的"打开"对话框中选择"圆点.png"素材和"花朵.png"素材，将其打开拖入场景中，如图 5.20 所示。

Step 04 绘制水壶 执行"图层→新建→图层"命令，新建图层并命名为"水壶"。单击工具箱中的"钢笔工具"按钮，绘制水壶形状的闭合路径。按快捷键 Ctrl+Enter 将路径转换为选区，执行"编辑→描边"命令，在弹出的"描边"对话框中对其参数设置后单击"确定"按钮。按快捷键 Ctrl+D 取消选区，如图 5.21 所示。

图 5.20

Step 05 定义图案 使用同样的方法制作其他图案，制作完成后执行"编辑→定义图案"命令，在弹出的"定义图案"对话框中将图案名称改为"餐具"，单击"确定"按钮。新建一个空白文档，执行"编辑→填充"命令，在弹出的"填充"对话框中设置参数，单击"确定"按钮，如图 5.22 所示。

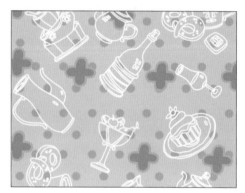

图 5.21

图 5.22

5.5 实例：美食修图

在美食修图中需要注意体现出食物本身的质感，在此过程中可以通过调整亮度以及色彩来体现食物的色泽，主要进行素材的色调调整。本例添加"曲线"和"色相 / 饱和度"图层，将食物的颜色进行调整，再执行"锐化"命令，使食物更加清晰。本实例的效果如图 5.23 所示。

扫码看微视频

原图

效果图

图 5.23

Step01 打开素材　执行"文件→打开"命令,在弹出的"打开"对话框中选择素材文件,单击"打开"按钮,如图 5.24 所示。

Step02 曲线蒙版　复制"背景"图层,单击图层面板下方的"创建新的填充或调整图层"按钮,在弹出的下拉菜单中选择"曲线"选项,然后设置曲线参数。选择曲线蒙版,按快捷键 Ctrl+I 反相,利用白色柔角画笔在绿色蔬菜上涂抹,如图 5.25 所示。

图 5.24

图 5.25

Step03 让颜色更鲜艳　继续添加"曲线"图层,设置曲线参数。选择曲线蒙版,按快捷键 Ctrl+I 反相,然后利用白色柔角画笔在红色辣椒上涂抹,使其颜色更加鲜艳,如图 5.26 所示。

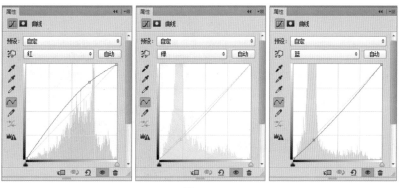

图 5.26

Step04 叠加曲线 继续使用同样的方法添加"曲线"图层，分别将其他图像进行调色，如图 5.27 所示。

图 5.27

Step05 叠加曲线 继续添加一个"曲线"图层，设置参数，将图像整体进行调色，如图 5.28 所示。

图 5.28

Step 06 调整饱和度　添加"色相/饱和度"图层，设置参数，将图像整体进行调色，如图 5.29 所示。

图 5.29

Step 07 盖印图层　按快捷键 Ctrl+Shift+Alt+E 盖印可见图层，将盖印的图层名称修改为"锐化"，然后执行"滤镜→锐化→ USM 锐化"命令，在弹出的"USM 锐化"对话框中设置锐化参数，使图像的轮廓更加清晰，并在图层面板中设置该图层的不透明度为 67%，如图 5.30 所示。

图 5.30

Step 08 整体调整　执行"图层→新建→图层"命令，在弹出的对话框中设置模式为"柔光"，勾选"填充柔光中性色"复选框，单击"确定"按钮。将该图层的名称修改为"中灰"，设置前景色为白色，然后单击工具箱中的"画笔工具"按钮 ，在选项栏中设置不透明度为 30%，在食物和盘子的亮部区域进行涂抹，使亮部区域变亮，再将前景色设为黑色，使用同样的方法将暗部区域压暗，使轮廓更加具有立体感，如图 5.31 所示。

图 5.31

5.6 实例：戒指修图

在产品修图中首饰修整是十分常见的，尤其对电商而言是必不可少的，本节着重讲解首饰修图的相关技巧以及注意事项。在本实例中用到了路径、色阶、曲线等一系列的方法，最终将拍摄出的首饰原图修整成了可供淘宝店铺使用的标准电商照片。本实例的效果如图 5.32 所示。

扫码看微视频

原图　　　　　　　　　　　　　　效果图

图 5.32

Step01 打开素材 执行"文件→打开"命令，在弹出的"打开"对话框中选择素材文件，单击"打开"按钮，如图 5.33 所示。

Step02 勾勒路径 复制"背景"图层，将复制的图层名称修改为"光影重塑"，然后单击工具箱中的"钢笔工具"按钮 ∅，分别将饰品的不同区域勾出路径，如图 5.34 所示。

图 5.33

图 5.34

Step03 光影修复　在路径面板中按住 Ctrl 键选择"水钻下方"路径，按快捷键 Ctrl+Shift+I 进行反选，调出选区，然后使用吸管工具对选区周边的颜色进行去色，再选择工具箱中的画笔工具，在选项栏中设置不透明度为 8% ～ 10%，在选区内进行适当的涂抹，将首饰的光影进行修整，同样修整其他区域的光影，如图 5.35 所示。

图 5.35

Step04 填充水钻区域　新建一个图层，命名为"纯色"。单击工具箱中的"钢笔工具"按钮，设置工具模式为"路径"，沿着饰品上的水钻部分绘制封闭路径。按快捷键 Ctrl+Enter 将路径转换为选区，为其填充白色。按快捷键 Ctrl+D 取消选区，如图 5.36 所示。

Step05 镶水钻　执行"文件→打开"命令，在弹出的"打开"对话框中选择"水钻.png"素材，将其打开拖入场景中，放置到合适的位置。选择"水钻"图层，执行"图层→创建剪贴蒙版"命令，为其创建剪贴蒙版，如图 5.37 所示。

图 5.36　　　　　　　　　　　　　　　　　　　图 5.37

Step06 调整色阶　单击图层面板下方的"创建新的填充或调整图层"按钮 ◢️，在弹出的下拉菜单中选择"色阶"选项，然后设置参数，如图 5.38 所示。

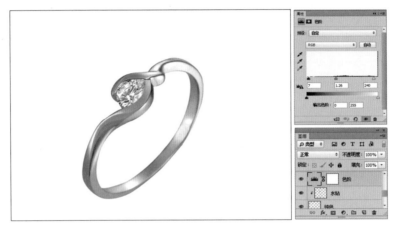

图 5.38

Step07 中性灰修图　执行"图层→新建→图层"命令，在弹出的对话框中设置模式为"柔光"，勾选"填充柔光中性色"复选框，单击"确定"按钮。将该图层的名称修改为"中灰"，设置前景色为白色，然后单击工具箱中的"画笔工具"按钮 ✏️，在选项栏中设置不透明度为 30%，在饰品的亮部区域进行涂抹，使亮部区域变亮，再将前景色设为黑色，使用同样的方法将暗部区域压暗，使轮廓更加具有立体感，如图 5.39 所示。

Step08 盖印图层　盖印可见图层，将盖印的图层名称修改为"液化"，然后执行"滤镜→液化"命令，在弹出的"液化"对话框中对饰品的形体进行修整，修整完成后单击"确定"按钮，如图 5.40 所示。

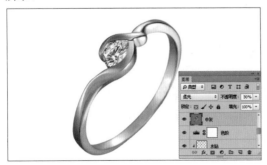

图 5.39　　　　　　　　　　　　　　　　　　　图 5.40

Step09 提亮画面　添加"曲线"图层，设置曲线参数，将图像整体进行提亮，如图 5.41 所示。

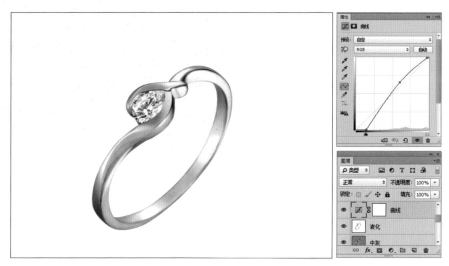

图 5.41

Step10 绘制倒影　新建一个"倒影"图层，单击工具箱中的"椭圆选框工具"按钮，在页面上绘制椭圆选区。按快捷键 Shift+F6，在弹出的"羽化"对话框中设置羽化参数为 35 像素，然后按住 Alt 键为其添加反相蒙版，利用白色柔角画笔将部分效果显示，如图 5.42 所示。

Step11 完成整体效果　选择"倒影"图层，在图层面板中设置该图层的不透明度为 53%，最后盖印可见图层，案例完成，如图 5.43 所示。

图 5.42

图 5.43

5.7　实例：玉器修图

在画面中所有素材的出现只有一个目的，就是服务于画面的主体。通过一系列修调使得图像在主体突出的前提下又不失去其应有的细节，这样才能称之为一幅好的作品。本节案例将使用曲线、色阶等命令对图像的色调进行调整，使主体更加突出。本实例的效果如图 5.44 所示。

扫码看微视频

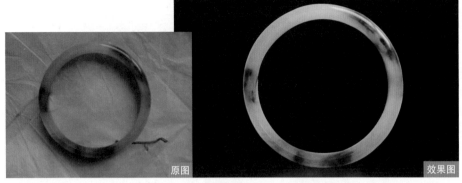

图 5.44

Step 01 打开素材　执行"文件→打开"命令，在弹出的"打开"对话框中选择素材文件，单击"打开"按钮，如图 5.45 所示。

Step 02 建立背景　新建一个"纯色背景"图层，为其填充黑色，然后使用钢笔工具对产品进行抠图，如图 5.46 所示。

图 5.45

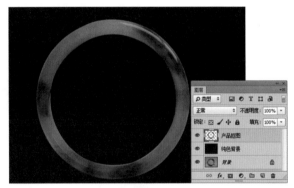

图 5.46

Step 03 液化图像　复制"产品抠图"图层，将复制的图层名称修改为"液化"，然后执行"滤镜→液化"命令，在弹出的"液化"对话框中将手镯的形体进行修整，使其更加圆滑，如图 5.47 所示。

Step 04 调亮画面　单击图层面板下方的"创建新的填充或调整图层"按钮，在弹出的下拉菜单中选择"曲线"选项，然后设置曲线参数，将手镯的亮度提亮，如图 5.48 所示。

图 5.47

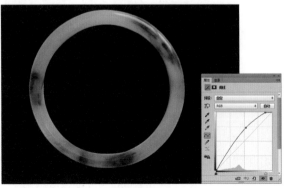

图 5.48

Step 05 加强对比度　添加"色阶"图层，设置色阶参数，将其对比度进行调整，如图 5.49 所示。

Step 06 渐变映射　添加"渐变映射"图层，设置渐变映射参数。在图层面板中设置该图层的混合模式为"柔光"、不透明度为 49%，如图 5.50 所示。

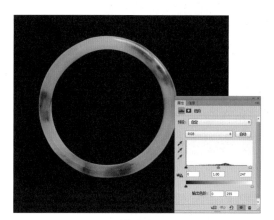

图 5.49

图 5.50

Step 07 建立反光　新建一个"反光"图层，单击工具箱中的"矩形选框工具"按钮，在页面的下方绘制矩形选框，然后按快捷键 Shift+F6，在弹出的对话框中设置羽化参数为 100，为其填充浅灰色（R：165，G：165，B：165），并在图层面板中设置该图层的不透明度为 25%，如图 5.51 所示。

Step 08 曲线蒙版　将所有含背景底色的图层隐藏，按快捷键 Ctrl+Shift+Alt+E 盖印可见图层，再将隐藏的图层显示。新建一个"曲线"图层，设置曲线参数，然后选择曲线蒙版，利用黑色柔角画笔在页面上进行适当的涂抹，将部分曲线效果隐藏，并在图层面板中设置该图层的不透明度为 59%，如图 5.52 所示。

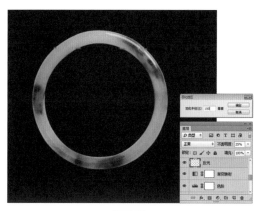

图 5.51

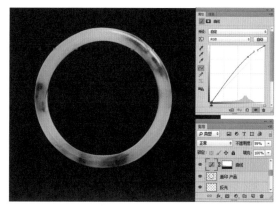

图 5.52

Step 09 添加曲线　继续添加"曲线"图层，设置曲线参数，然后选择曲线蒙版，利用黑色柔角画笔在手镯上进行涂抹，将部分效果隐藏，并在图层面板中设置该图层的不透明度为 79%，如图 5.53 所示。

Step 10 提亮绿色　继续添加"曲线"图层，设置曲线参数，然后选择曲线蒙版，按快捷键 Ctrl+I 反相，再使用白色柔角画笔在手镯的深绿色部分进行涂抹，将曲线效果显示，如图 5.54 所示。

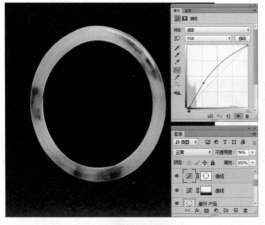

图 5.53

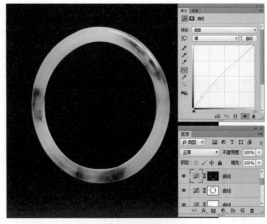

图 5.54

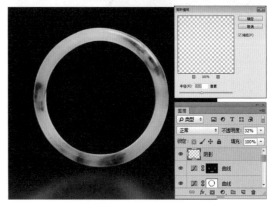

图 5.55

Step 11 整体调整　将所有含背景底色的图层隐藏，按快捷键 Ctrl+Shift+Alt+E 盖印可见图层，再将隐藏的图层显示，将盖印的图层名称修改为"阴影"，然后按快捷键 Ctrl+T 进行变形，按快捷键 Ctrl+Enter 完成变形，执行"滤镜→模糊→高斯模糊"命令，在弹出的"高斯模糊"对话框中设置参数，将其模糊，单击"确定"按钮。在图层面板中将其不透明度调整为 32%，案例完成，如图5.55 所示。

5.8　实例：皮革修图

在产品修图中需要对产品的细节部分进行耐心处理，毕竟只有当一个产品做得非常精致的时候对消费者才会有足够的吸引力，同样的道理，产品宣传照片的精调也是这样的目的。在产品修调的过程中还要把握一个重要的原则，就是不可改变产品本身的面貌，例如产品本身的形状以及颜色等。本实例的效果如图 5.56 所示。

扫码看微视频

图 5.56

Step01 打开素材　执行"文件→打开"命令，在弹出的"打开"对话框中选择素材文件，单击"打开"按钮，如图 5.57 所示。

Step02 使用钢笔工具抠图　选择工具箱中的钢笔工具，对鞋子进行抠图，如图 5.58 所示。

图 5.57　　　　　　　　　　　　　　　图 5.58

Step03 修整瑕疵　先将鞋子上的瑕疵进行修整，然后进行适当磨皮，使鞋子的皮质看起来更加柔软。新建一个"纯色背景"图层，为其填充白色，然后将"产品抠图"图层进行复制，将其名称修改为"瑕疵修整"，再选择工具箱中的修补工具，对鞋子上的瑕疵进行修整，如图 5.59 所示。

Step04 磨皮　复制"瑕疵修整"图层，将复制的图层名称修改为"轻微磨皮"，然后执行"滤镜→ Imagenomic → Portraiture"命令，在弹出的对话框中设置 Threshold 参数，对鞋子适当的磨皮，如图 5.60 所示。

图 5.59　　　　　　　　　　　　　　　图 5.60

Step05 调整磨皮　复制"轻微磨皮"图层，将复制的图层名称修改为"高低频"，按快捷键 Ctrl+I 反相，将图层的混合模式修改为"线性光"，然后执行"滤镜→其他→高反差保留"命令，设置参数，再执行"滤镜→模糊→高斯模糊"命令，设置参数。为图层添加一个反相蒙版，设置前景色为白色，使用画笔工具在鞋子的外部进行涂抹，使其看起来更有质感，然后在图层面板中设置该图层的不透明度为 83%，如图 5.61 所示。

图 5.61

Step06 调整亮度　　盖印可见图层，将盖印的图层名称修改为"液化"，然后执行"滤镜→液化"命令，将鞋子的形体进行修整，再添加一个"曲线"图层，调整鞋子的明暗度，如图 5.62 所示。

Step07 调整立体感　　执行"图层→新建→图层"命令，在弹出的对话框中设置模式为"柔光"，并勾选"填充柔光中性色"复选框，单击"确定"按钮。将该图层的名称修改为"中灰"，设置前景色为白色，单击工具箱中的"画笔工具"按钮 ✎，在选项栏中设置不透明度为 30%，然后在鞋子的亮部区域进行涂抹，使亮部区域变亮，再将前景色设为黑色，使用同样的方法将暗部区域压暗，使轮廓更具有立体感，如图 5.63 所示。

图 5.62

图 5.63

Step08 涂抹瑕疵　　盖印可见图层，将盖印的图层名称修改为"瑕疵修整"，使用修补工具对鞋子的细节进行修补。创建一个"曲线"图层，选择曲线蒙版，按快捷键 Ctrl+I 反相，然后使用白色柔角画笔在鞋子的饰物上进行涂抹，为其应用曲线效果，如图 5.64 所示。

图 5.64

Step09 渐变映射　　添加一个"渐变映射"图层，设置参数，然后选择渐变映射蒙版，使用黑色柔角画笔在鞋子上进行涂抹，将部分效果隐藏，并在图层面板中设置该图层的混合模式为"柔光"、不透明度为 62%，如图 5.65 所示。

Step10 盖印图层　盖印可见图层，将盖印的图层名称修改为"构图"，然后使用工具箱中的套索工具，将鞋子圈出，按快捷键 Ctrl+T 进行变换，按快捷键 Ctrl+Enter 完成变换，再按快捷键 Ctrl+Shift+I 反转选区，填充白色，如图 5.66 所示。

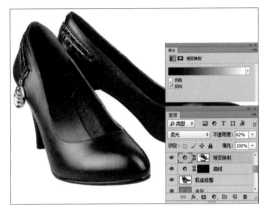

图 5.65

图 5.66

Step11 添加文字　单击工具箱中的"文字工具"按钮 T，在字符面板中设置文字的"字体""字号""颜色"等参数，在页面上输入文字，再使用矩形选框工具绘制边线，案例完成，如图 5.67 所示。

图 5.67

第6章

Photoshop 电商海报设计

电商海报的设计方法一般是通过图层蒙版和图层混合模式等选项将多个素材巧妙地叠加在一起，形成海报的背景，通过通道对人物进行抠图，最后使用横排文字工具和图层样式给文字添加效果，使海报画面丰富且富有感染力。下面就来制作几种电商海报。

6.1 实例：情人节电商页面设计

本实例是制作情人节电商页面，通过图层蒙版和图层混合模式等选项将多个素材巧妙地叠加在一起，形成邀请卡片的背景，除此以外，半透明圆形的制作对文字起到了很好的映衬作用，咖色条纹以及边框的制作使得整张卡片条理清晰、美观，如图 6.1 所示。

扫码看微视频

图 6.1

Step01 新建文档　执行"文件→新建"命令，弹出"新建"对话框，设置宽度为 1871 像素、高度为 1271 像素、分辨率为 300 像素 / 英寸，然后单击"确定"按钮，新建一个空白文档，如图 6.2 所示。

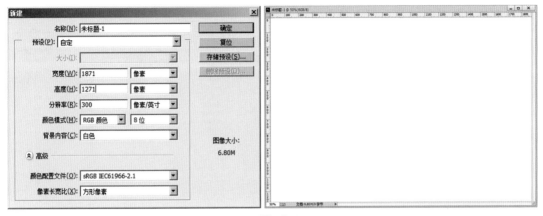

图 6.2

Step02 制作页面的背景　执行"文件→打开"命令，在弹出的"打开"对话框中选择"背景图层.psd"文件，单击将其拖曳到页面之上，如图 6.3 所示。

图 6.3

Step03 制作半透明圆形并描边　新建图层，在工具箱中单击"矩形选框工具"按钮 的下拉三角，在弹出的下拉菜单中选择"椭圆选项工具"选项，按住 Shift 键在页面上绘制圆形选区，然后设置前景色为白色，按快捷键 Alt+Delete 对圆形选区进行填充。在图层面板中设置"填充"为 56%，然后单击"添加图层样式"按钮 ，选择"描边"选项，在弹出的对话框中设置参数，如图 6.4 所示。

图 6.4

Step 04 制作第二个半透明圆形并描边　制作第二个白色半透明圆形，方法同上，描边参数为4，如图6.5所示。

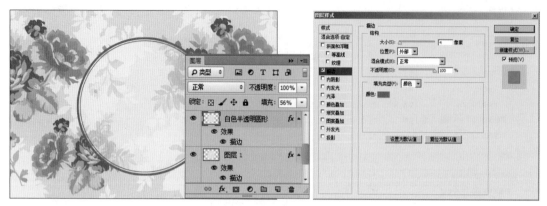

图6.5

Step 05 添加圆点分割素材　执行"文件→打开"命令，在弹出的"打开"对话框中选择"圆点分割线.psd"文件，单击将其拖曳到页面之上，如图6.6所示。

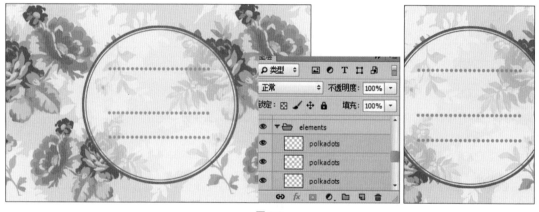

图6.6

Step 06 添加文字素材　执行"文件→打开"命令，在弹出的"打开"对话框中选择"文字.psd"文件，单击将其拖曳到页面之上，如图6.7所示。

图6.7

Step 07 为整张页面描边　新建图层，在工具箱中单击"矩形选框工具"按钮 ⬚，然后在页面上绘制矩形选区。执行"编辑→描边"命令，对整体画面进行描边。页面的正面制作完成，如图 6.8 所示。

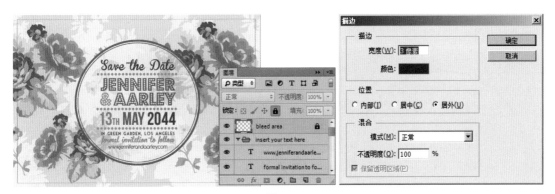

图 6.8

Step 08 新建文档　执行"文件→新建"命令，弹出"新建"对话框，设置宽度为 1871 像素、高度为 1271 像素、分辨率为 300 像素，然后单击"确定"按钮，新建一个空白文档，如图 6.9 所示。

图 6.9

Step 09 添加背景图层和背景花纹素材　执行"文件→打开"命令，在弹出的"打开"对话框中选择"背景图层 2.psd"和"背景花纹.png"文件，单击将其拖曳到页面之上，如图 6.10 所示。

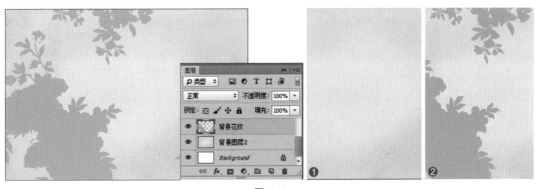

图 6.10

Step10 制作白色圆形并描边　新建图层，在工具箱中单击"矩形选框工具"按钮 🔲 的下拉三角，在弹出的下拉菜单中选择"椭圆选框工具"选项，按住 Shift 键在页面上绘制圆形选区。设置前景色为淡黄色（R：254，G：245，B：227），按快捷键 Alt+Delete 进行填充。在图层面板中设置"填充"为 56%，然后单击"添加图层样式"按钮 **fx.**，选择"描边"选项，在弹出的对话框中设置参数，如图 6.11 所示。

图 6.11

Step11 制作第二个白色半透明圆形并描边　方法同上，描边参数为 4，如图 6.12 所示。

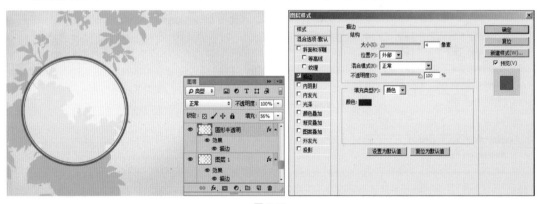

图 6.12

Step12 添加圆点分割新素材　执行"文件→打开"命令，在弹出的"打开"对话框中选择"圆点分割线.psd"文件，单击将其拖曳到页面之上，如图 6.13 所示。

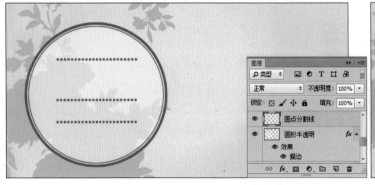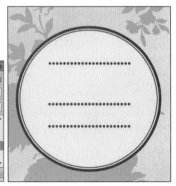

图 6.13

Step13 绘制咖色线条并进行复制　新建图层，在工具箱中单击"矩形选框工具"按钮 ，然后在页面上绘制矩形选区。设置前景色为深咖色（R：141，G：110，B：77），按快捷键 Alt+Delete 对所选区域进行填充。将制作好的咖色条纹进行复制，并调整其在页面中的位置，如图 6.14 所示。

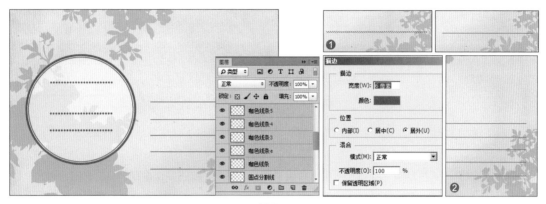

图 6.14

Step14 绘制咖色矩形边框并进行复制　执行"图层→新建→图层"命令，新建一个图层。在工具箱中单击"矩形选框工具"按钮 ，然后在页面上绘制矩形选区。执行"编辑→描边"命令，设置描边颜色为深咖色（R：141，G：110，B：77），对所选区域进行描边处理，如图 6.15 所示。

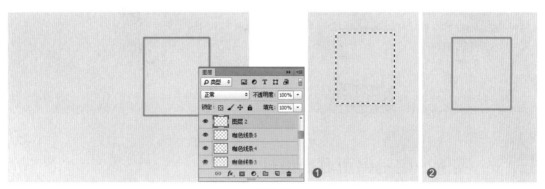

图 6.15

Step15 制作第二个描边图层　新建图层，用同样的方法制作第二个描边图层，如图 6.16 所示。

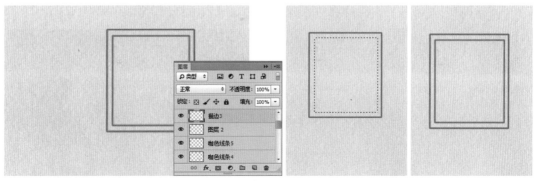

图 6.16

Step 16 添加文字素材　执行"文件→打开"命令，在弹出的"打开"对话框中选择"文字.psd"文件，单击将其拖曳到页面之上，如图 6.17 所示。

图 6.17

Step 17 为整张卡片描边　执行"图层→新建→图层"命令，新建一个图层。在工具箱中单击"矩形选框工具"按钮 ▣，然后在页面上绘制矩形选区。执行"编辑→描边"命令，设置前景色为深咖色（R：54，G：50，B：45），对整张卡片进行描边处理，如图 6.18 所示。

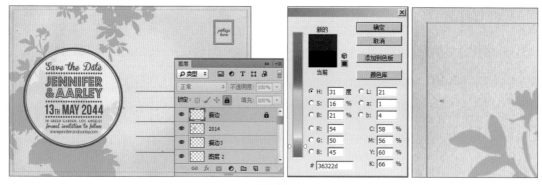

图 6.18

6.2　实例：电商网页界面设计

本实例是制作电商网页界面，通过添加图层样式等将多个素材巧妙地叠加在一起，形成电商网页界面的主体部分。除此以外，相机背景光的制作对相机本身起到了很好的映衬作用，价签、公司LOGO 等素材的巧妙运用使得产品本身的信息恰如其分地展示给了消费者，如图 6.19 所示。

扫码看微视频

图 6.19

Step01 新建文档　执行"文件→新建"命令，弹出"新建"对话框，设置宽度为 3600 像素、高度为 1500 像素、分辨率为 300 像素 / 英寸，然后单击"确定"按钮，新建一个空白文档，如图 6.20 所示。

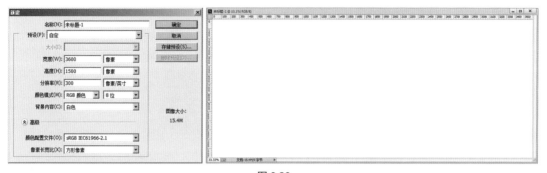

图 6.20

Step02 制作红色渐变背景　单击工具箱中的"渐变工具"按钮 的下拉三角，选择"红色渐变"选项，对新建图层进行渐变处理，如图 6.21 所示。

图 6.21

Step03 添加浅色色块素材
执行"文件→打开"命令，在弹出的"打开"对话框中选择"花边色块.png"文件，单击将其拖曳到页面之上并调整其位置。在图层面板中单击"添加图层样式"按钮 **fx.**，在弹出的下拉菜单中选择"投影"选项，然后在弹出的"图层样式"对话框中设置投影参数，如图 6.22 所示。

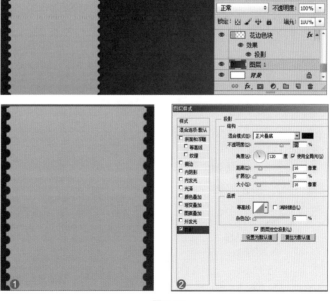

图 6.22

Step 04 添加文字素材　执行"文件→打开"命令，在弹出的"打开"对话框中选择"Sale.psd"文件，单击将其拖曳到页面之上并调整其位置。在图层面板中单击"添加图层样式"按钮 **fx.**，在弹出的下拉菜单中选择"斜面和浮雕"以及"渐变叠加"选项，然后在弹出的"图层样式"对话框中分别设置斜面和浮雕以及渐变叠加的参数，如图 6.23 所示。

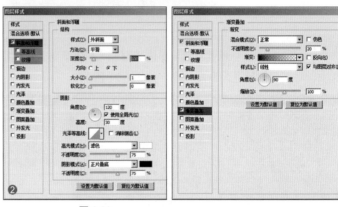

图 6.23

Step 05 添加文字素材　执行"文件→打开"命令，在弹出的"打开"对话框中选择"Weekly.png"文件，单击将其拖曳到页面之上并调整其位置。在图层面板中单击"添加图层样式"按钮 **fx.**，在弹出的下拉菜单中选择"斜面和浮雕"以及"渐变叠加"选项，然后在弹出的"图层样式"对话框中分别设置斜面和浮雕以及渐变叠加的参数，如图 6.24 所示。

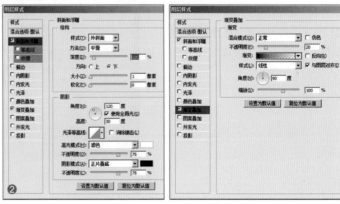

图 6.24

Step06 添加价签、公司 LOGO 等素材　执行"文件→打开"命令，在弹出的"打开"对话框中选择"公司 LOGO.png"和"price.png"文件，单击将其拖曳到页面之上并调整其位置，如图 6.25 所示。

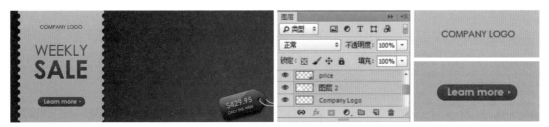

图 6.25

Step07 添加文字素材　执行"文件→打开"命令，在弹出的"打开"对话框中选择"12.2.png"和"Canon.png"文件，单击将其拖曳到页面之上并调整其位置。在图层面板中单击"添加图层样式"按钮 **fx.**，在弹出的下拉菜单中选择"投影"选项，然后在弹出的"图层样式"对话框中分别设置两个素材的投影参数，如图 6.26 所示。

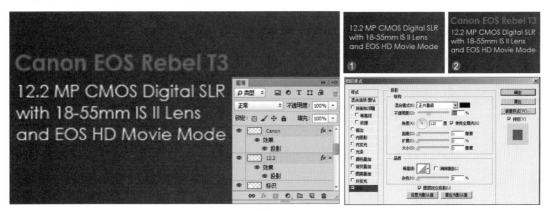

图 6.26

Step08 制作相机发光背景　新建图层，单击工具箱中的"套索工具"按钮 ，绘制近似于圆形的选区。执行"选择→修改→羽化"命令，在弹出的"羽化选区"对话框中设置羽化参数，对选区进行羽化处理。设置前景色为浅红色（R：224，G：78，B：79），按快捷键 Alt+Delete 对选区进行填充，然后按快捷键 Ctrl+D 取消选区，并在图层面板中设置该图层的"不透明度"为 71%，如图 6.27 所示。

图 6.27

Step 09 添加相机素材　执行"文件→打开"命令，在弹出的"打开"对话框中选择"相机.png"和"标签.png"文件，单击将其拖曳到页面之上并调整其位置，如图 6.28 所示。

图 6.28

Step 10 对图像整体色相进行调整　按快捷键 Alt+Shift+Ctrl+E 盖印可见图层，然后单击图层面板下方的"创建新的填充或调整图层"按钮 ◐.下的下拉三角，在弹出的下拉菜单中选择"色相/饱和度"选项，对色相/饱和度参数进行设置，分别做出绿色和蓝色的效果图，如图 6.29 所示。

图 6.29

6.3　实例：店铺首页设计

　　本实例是制作店铺首页，首先用参考线对页面进行分割，将页面进行分区，然后使用矩形工具制作不同规格的色块，通过创建剪贴蒙版的方法将挑选好的照片素材完美嵌入。通过上述介绍的方法制作出照片展板，最后添加文字素材，如图 6.30 所示。

扫码看微视频

图 6.30

Step01 新建文档　执行"文件→新建"命令，弹出"新建"对话框，设置宽度为 2100 像素、高度为 3000 像素、分辨率为 300 像素 / 英寸，然后单击"确定"按钮，新建一个空白文档，如图 6.31 所示。

图 6.31

Step02 制作渐变背景　执行"图层→新建→图层"命令，新建一个图层。单击工具箱中的"渐变工具"按钮 ，选择"蓝色到灰色渐变"选项，对背景进行渐变处理，如图 6.32 所示。

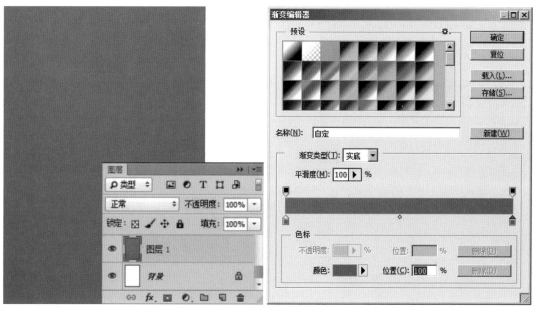

图 6.32

Step 03 新建参考线对整体页面进行分区　通过创建不同的参考线对现有页面进行分区，以便网页中的照片在展示过程中思路清晰有条理，内容丰富不凌乱，如图 6.33 所示。

Step 04 制作蓝色矩形色块　执行"图层→新建→图层"命令，新建一个图层。在工具箱中单击"矩形选框工具"按钮 ⬚，在页面上绘制矩形选区。设置填充颜色为蓝色，对绘制的矩形选区进行填充，如图 6.34 所示。

Step 05 制作渐变矩形色块　执行"图层→新建→图层"命令，新建一个图层。在工具箱中单击"矩形选框工具"按钮 ⬚，在页面上绘制矩形选区。单击工具箱中的"渐变工具"按钮 ▣，选择渐变选项，对绘制的矩形选区进行渐变处理，如图 6.35 所示。

图 6.33

图 6.34

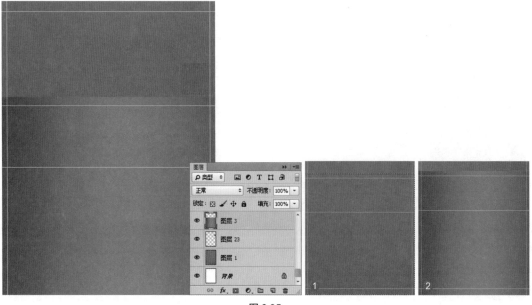

图 6.35

Step06 制作上排白色矩形色块　执行"图层→新建→图层"命令，新建一个图层。在工具箱中单击"矩形选框工具"按钮 ▣ 选择矩形选框工具，在页面上绘制矩形选区。设置填充颜色为白色，对刚才绘制的矩形选区进行填充。重复以上操作两次，制作同样规格的白色色块，如图6.36所示。

图 6.36

Step07 制作下排白色矩形色块　执行"图层→新建→图层"命令，新建一个图层。在工具箱中单击"矩形选框工具"按钮 ▣ 选择矩形选框工具，在页面上绘制矩形选区。设置填充颜色为白色，对刚才绘制的矩形选区进行填充。重复以上操作两次，制作同样规格的白色色块，如图6.37所示。

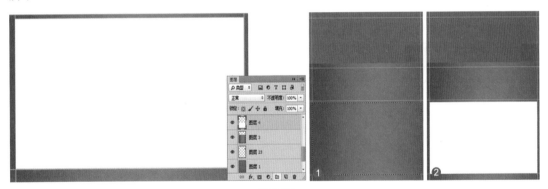

图 6.37

Step08 制作黑色圆形色块　执行"图层→新建→图层"命令，新建一个图层。在工具箱中单击"矩形选框工具"按钮 ▣ 的下拉三角，在弹出的下拉菜单中选择"椭圆选框工具"选项，按住Shift 键在页面上绘制圆形选区。设置填充颜色为黑色，对绘制的圆形选区进行填充，如图6.38所示。

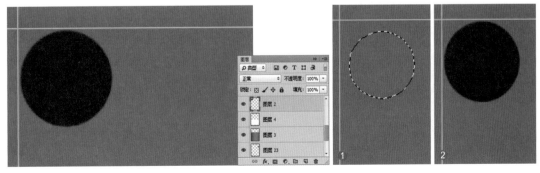

图 6.38

Step 09 制作照片展板　按照以上制作不同规格色块的方法，在页面的不同位置制作出不同的色块组，以便用来展示照片，如图 6.39 所示。

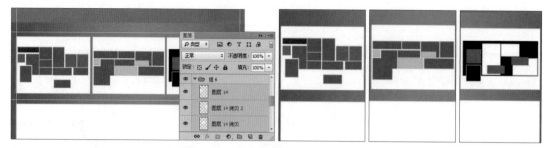

图 6.39

Step 10 制作标题栏　执行"图层→新建→图层"命令，新建一个图层。在工具箱中单击"矩形选框工具"按钮 ▦ 的下拉三角，在弹出的下拉菜单中选择"椭圆选框工具"选项，按住 Shift 键在页面上绘制圆形封闭选区。设置填充颜色为黑色，对刚才绘制的圆形选区进行填充，如图 6.40 所示。

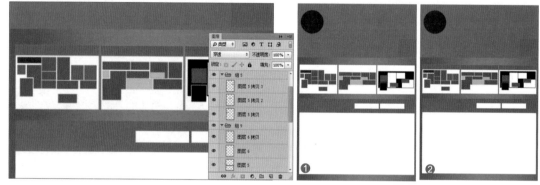

图 6.40

Step 11 制作照片展板并添加照片　按照以上制作不同规格色块的方法，在页面的不同位置制作出不同的色块组，以便用来展示照片。然后执行"图层→创建剪贴蒙版"命令，添加不同的照片到展板内，如图 6.41 所示。

图 6.41

Step12 添加素材　执行"文件→打开"命令，在弹出的"打开"对话框中选择"素材 1.psd"文件，单击将其拖曳到页面之上，如图 6.42 所示。

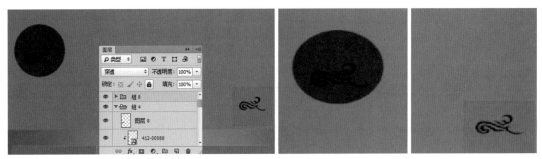

图 6.42

Step13 添加文字素材　执行"文件→打开"命令，在弹出的"打开"对话框中选择"素材 2.psd"文件，单击将其拖曳到页面之上。至此该店铺首页设计就完成了，如图 6.43 所示。

图 6.43

6.4　实例：店铺主图设计

本实例是进行冰淇淋店铺主图设计，首先引导读者添加背景素材，包括条纹素材、花边素材等；然后制作出照片展板，将精美的冰淇淋照片展示在其中；最后添加文字素材，将需要传达的文字信息清晰地表现在设计页面中。这种图文结合的方式大大提高了广告的宣传力度。读者可根据本节中介绍的方法制作出自己需要的其他类型的广告设计，如图 6.44 所示。

扫码看微视频

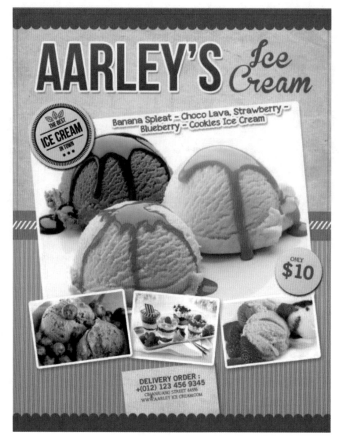

图 6.44

Step01 **新建文档** 执行 "文件→新建" 命令，弹出 "新建" 对话框，设置宽度为 2625 像素、高度为 3375 像素、分辨率为 300 像素 / 英寸，然后单击 "确定" 按钮，新建一个空白文档，如图 6.45 所示。

图 6.45

Step 02 添加纸张素材　执行"文件→打开"命令，在弹出的"打开"对话框中选择"纸张.psd"，单击将其拖曳到页面之上，并调整位置，如图 6.46 所示。

图 6.46

Step 03 在页面下方制作粉色渐变矩形　执行"图层→新建→图层"命令，新建一个图层。在工具箱中单击"矩形选框工具"按钮，在页面上绘制矩形选区。单击工具箱中的"渐变工具"按钮，设置"渐变编辑器"对话框中的参数，然后对新建矩形选区进行渐变处理，如图 6.47 所示。

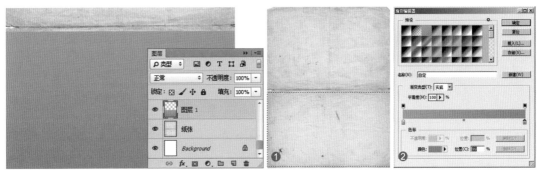

图 6.47

Step 04 添加条纹素材并制作粉色矩形色块　执行"文件→打开"命令，在弹出的"打开"对话框中选择"条纹.psd"文件，单击将其拖曳到页面之上并调整其位置。执行"图层→新建→图层"命令，新建一个图层。单击工具箱中的"矩形选框工具"按钮，在页面上绘制矩形选区，然后设置前景色为粉色，按快捷键 Alt+Delete 对矩形选区进行填充，如图 6.48 所示。

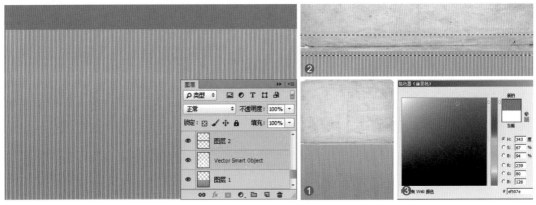

图 6.48

Step 05 在页面上添加斜条纹素材　执行"文件→打开"命令，在弹出的"打开"对话框中选择"斜条纹.psd"文件，单击将其拖曳到页面之上并调整其位置，如图 6.49 所示。

图 6.49

Step 06 添加纸张素材并做特效处理　执行"文件→打开"命令，在弹出的"打开"对话框中选择"纸张 2.psd"文件，单击将其拖曳到页面之上并调整其位置。在图层面板中单击"添加图层样式"按钮 **fx**，在弹出的下拉菜单中选择"投影"选项，然后在"图层样式"对话框中设置投影参数，如图 6.50 所示。

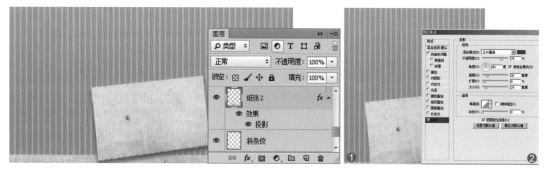

图 6.50

Step 07 制作矩形照片展板　执行"图层→新建→图层"命令，新建一个图层，单击工具箱中的"矩形选框工具"按钮 **□**，在页面上绘制矩形选区，然后设置前景色为黑色，按快捷键 Alt+Delete 对矩形选区进行填充。在图层面板中单击"添加图层样式"按钮 **fx**，在弹出的下拉菜单中选择"描边"和"投影"选项，然后在弹出的"图层样式"对话框中分别设置描边和投影参数，如图 6.51 所示。

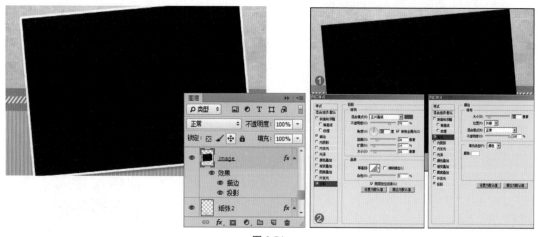

图 6.51

Step08 在照片展板中添加照片素材　执行"文件→打开"命令，在弹出的"打开"对话框中选择"照片素材 4.psd"文件，单击将其拖曳到页面之上并调整其位置。执行"图层→创建剪贴蒙版"命令，将所选图层置入目标图层中，如图 6.52 所示。

图 6.52

Step09 制作矩形照片展板　执行"图层→新建→图层"命令，新建一个图层，单击工具箱中的"矩形选框工具"按钮 ▭ ，在页面上绘制矩形选区，然后设置前景色为黑色，按快捷键 Alt+Delete 对矩形选区进行填充。在图层面板中单击"添加图层样式"按钮 **fx.**，在弹出的下拉菜单中选择"描边"和"投影"选项，然后在弹出的"图层样式"对话框中分别设置描边和投影参数，如图 6.53 所示。

图 6.53

Step10 在照片展板中添加照片素材　执行"文件→打开"命令，在弹出的"打开"对话框中选择"照片素材 3.psd"文件，单击将其拖曳到页面之上并调整其位置。执行"图层→创建剪贴蒙版"命令，将所选图层置入目标图层中，如图 6.54 所示。

图 6.54

Step11 制作矩形照片展板　执行"图层→新建→图层"命令，新建一个图层，单击工具箱中的"矩形选框工具"按钮 ▣，在页面上绘制矩形选区，然后设置前景色为黑色，按快捷键 Alt+Delete对矩形选区进行填充。在图层面板中单击"添加图层样式"按钮 *fx*，在弹出的下拉菜单中选择"描边"和"投影"选项，然后在弹出的"图层样式"对话框中分别设置描边和投影参数，如图 6.55 所示。

图 6.55

Step12 在照片展板中添加照片素材　执行"文件→打开"命令，在弹出的"打开"对话框中选择"照片素材 1.psd"文件，单击将其拖曳到页面之上并调整其位置。执行"图层→创建剪贴蒙版"命令，将所选图层置入目标图层中，如图 6.56 所示。

图 6.56

Step13 制作矩形照片展板 执行"图层→新建→图层"命令新建一个图层，单击工具箱中的"矩形选框工具"按钮 ▦，在页面上绘制矩形选区，然后设置前景色为黑色，按快捷键 Alt+Delete 对矩形选区进行填充。在图层面板中单击"添加图层样式"按钮 *fx*，在弹出的下拉菜单中选择"描边"和"投影"选项，然后在弹出的"图层样式"对话框中分别设置描边和投影参数，如图 6.57 所示。

图 6.57

Step14 在照片展板中添加照片素材 执行"文件→打开"命令，在弹出的"打开"对话框中选择"照片素材 2.psd"文件，单击将其拖曳到页面之上并调整其位置。执行"图层→创建剪贴蒙版"命令，将所选图层置入目标图层中，如图 6.58 所示。

图 6.58

Step15 添加花边素材 执行"文件→打开"命令，在弹出的"打开"对话框中选择"花边.psd"文件，单击将其拖曳到页面之上并调整其位置。在图层面板中单击"添加图层样式"按钮 *fx*，在弹出的下拉菜单中选择"颜色叠加"选项，然后在弹出的"图层样式"对话框中设置颜色叠加参数，如图 6.59 所示。

Step16 添加花边素材 执行"文件→打开"命令，在弹出的"打开"对话框中选择"花边 2.psd"文件，单击将其拖曳到页面之上并调整其位置。在图层面板中单击"添加图层样式"按钮 *fx*，在弹出的下拉菜单中选择"颜色叠加"选项，然后在弹出的"图层样式"对话框中设置颜色叠加参数，如图 6.60 所示。

图 6.59

图 6.60

Step17 制作圆形米黄色渐变色块　执行"图层→新建→图层"命令新建一个图层，单击工具箱中的"矩形选框工具"按钮 的下拉三角，在弹出的下拉菜单中选择"椭圆选框工具"选项，按住 Shift 键在页面上绘制圆形选区。单击工具箱中的"渐变工具"按钮 ，在"渐变编辑器"对话框中设置参数。在图层面板中单击"添加图层样式"按钮 fx，在弹出的下拉菜单中选择"投影"选项，然后在弹出的"图层样式"对话框中设置投影参数，如图 6.61 所示。

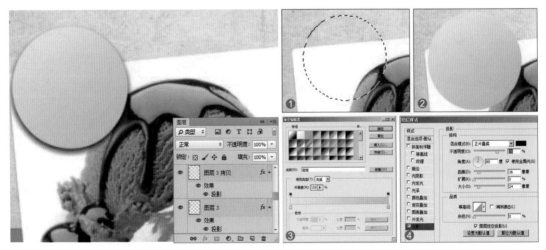

图 6.61

Step18 制作圆形米黄色渐变色块　按照以上方式制作另一个圆形米黄色渐变色块，如图 6.62 所示。

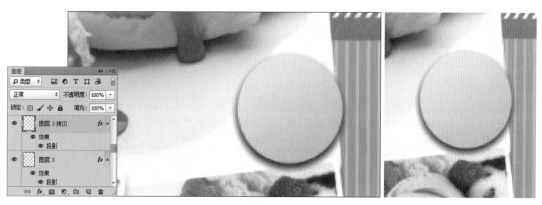

图 6.62

Step19 在照片展板中添加照片素材　执行"文件→打开"命令，在弹出的"打开"对话框中选择"标志.psd"文件，单击将其拖曳到页面之上，并调整其位置，如图 6.63 所示。

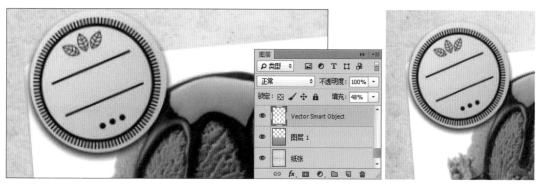

图 6.63

Step20 在页面上添加文字素材　执行"文件→打开"命令，在弹出的"打开"对话框中选择"文字.psd"文件，单击将其拖曳到页面之上，并调整其位置，如图 6.64 所示。

图 6.64

Step21 添加文字素材并做特效 执行"文件→打开"命令，在弹出的"打开"对话框中选择"文字.psd"文件，单击将其拖曳到页面之上并调整其位置。在图层面板中单击"添加图层样式"按钮 **fx**，在弹出的下拉菜单中选择需要调整的选项，然后在弹出的"图层样式"对话框中分别设置其参数，如图 6.65 所示。

图 6.65

Step22 添加文字素材并做特效 执行"文件→打开"命令，在弹出的"打开"对话框中选择"文字.psd"文件，单击将其拖曳到页面之上并调整其位置。在图层面板中单击"添加图层样式"按钮 **fx**，在弹出的下拉菜单中选择"描边"和"投影"选项，然后在弹出的"图层样式"对话框中，设置参数，如图 6.66 所示。

图 6.66

Step23 在整体画面上制作描边效果 执行"图层→新建→图层"命令新建一个图层，然后执行"编辑→描边"命令对选区进行描边处理，如图 6.67 所示。

图 6.67

6.5　实例：个性广告主图设计

　　本实例进行个性广告主图设计，首先讲解制作照片展板的方法，在此过程中涉及了怎样用画笔工具通过添加图层蒙版的方式制作出粗糙质感的边缘效果；然后通过照片素材和文字素材的添加，使得整体版面成型；最后在页面上添加不同效果的光效素材，使得整体画面呈现出统一的色调。在进行这一个性广告主图设计的过程中还将介绍制作不同色彩边框的简单方法，读者可将这些方法灵活地运用于其他广告的设计中，如图 6.68 所示。

扫码看微视频

图 6.68

Step01 新建文档　执行"文件→新建"命令，弹出"新建"对话框，设置宽度为 2550 像素、高度为 3580 像素、分辨率为 300 像素 / 英寸，然后单击"确定"按钮，新建一个空白文档，如图 6.69 所示。

图 6.69

Step 02 新建图层并填充为深灰色 执行"图层→新建→图层"命令，新建一个图层，然后设置填充颜色为深灰色，对新建图层进行填充，如图 6.70 所示。

图 6.70

Step 03 制作矩形色块并进行特效处理 执行"图层→新建→图层"命令，新建一个图层。单击工具箱中的"钢笔工具"按钮 ，绘制闭合路径。按快捷键 Ctrl+Enter 将路径转换为选区，设置填充颜色为白色，然后单击图层面板下方的"添加图层蒙版"按钮 添加图层蒙版，并单击工具箱中的"画笔工具"按钮 擦出毛边的效果，如图 6.71 所示。

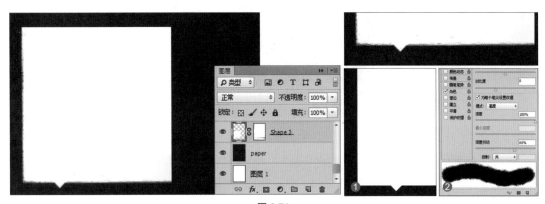

图 6.71

Step 04 添加照片素材 执行"文件→打开"命令，在弹出的"打开"对话框中选择"歌手01.psd"文件，单击将其拖曳到页面之上并调整其位置。执行"图层→创建剪贴蒙版"命令，将所选图层置入目标图层中，如图 6.72 所示。

图 6.72

Step05 调整照片的整体色调　执行"图层→新建→图层"命令，新建一个图层。单击工具箱中的"矩形选框工具"按钮 ⬚，在页面上绘制矩形选区。设置前景色为绿色，按快捷键 Alt+Delete 对矩形选区进行填充，至此得到了绿色的矩形色块。在图层面板中设置图层混合模式为"正片叠底"、"不透明度"为 72%。执行"图层→创建剪贴蒙版"命令，将所选图层置入目标图层中，如图 6.73 所示。

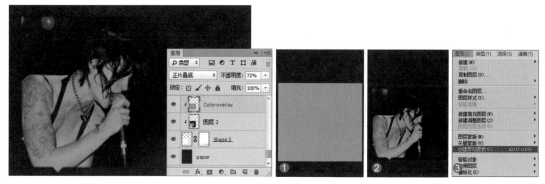

图 6.73

Step06 制作矩形色块并进行特效处理　执行"图层→新建→图层"命令，新建一个图层。单击工具箱中的"钢笔工具"按钮 ✏，绘制出如图所示的路径。按快捷键 Ctrl+Enter 将路径转换为选区，设置填充颜色为黄色，然后单击图层面板下方的"添加图层蒙版"按钮 ▢ 添加图层蒙版，并单击工具箱中的"画笔工具"按钮 ✎，用黑色画笔擦出毛边的效果。在图层面板中单击"添加图层样式"按钮 *fx*，在弹出的下拉菜单中选择"渐变叠加"选项，然后在弹出的"图层样式"对话框中设置渐变叠加的参数，如图 6.74 所示。

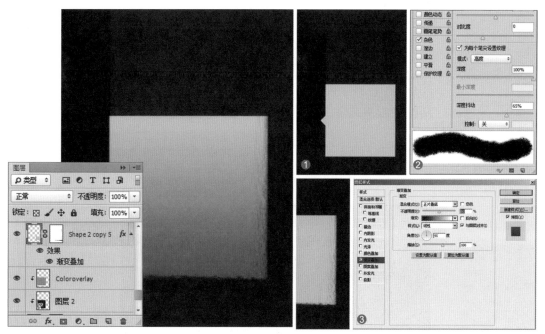

图 6.74

Step 07 制作矩形色块并进行特效处理　执行"图层→新建→图层"命令，新建一个图层。单击工具箱中的"钢笔工具"按钮 ✐，绘制出如图所示的闭合路径。按快捷键 Ctrl+Enter 将路径转换为选区，设置填充颜色为绿色，然后单击图层面板下方的"添加图层蒙版"按钮 ▣ 添加图层蒙版，并单击工具箱中的"画笔工具"按钮 ✐ 擦出毛边的效果。在图层面板中单击"添加图层样式"按钮 **fx**，在弹出的下拉菜单中选择"渐变叠加"选项，然后在弹出的"图层样式"对话框中设置渐变叠加的参数，如图 6.75 所示。

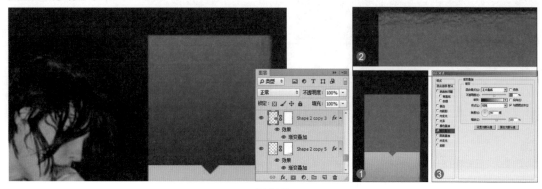

图 6.75

Step 08 制作矩形色块并进行特效处理　执行"图层→新建→图层"命令新建一个图层。单击工具箱中的"钢笔工具"按钮 ✐，绘制出如图所示的闭合路径。按快捷键 Ctrl+Enter 将路径转换为选区，设置填充颜色为白色，然后单击图层面板下方的"添加图层蒙版"按钮 ▣ 添加图层蒙版，并单击工具箱中的"画笔工具"按钮 ✐ 擦出毛边的效果，如图 6.76 所示。

图 6.76

Step 09 添加照片素材　执行"文件→打开"命令，在弹出的"打开"对话框中选择"歌手02.psd"文件，单击将其拖曳到页面之上并调整其位置。执行"图层→创建剪贴蒙版"命令，将所选图层置入目标图层中，如图 6.77 所示。

图 6.77

Step 10 制作矩形色块并进行特效处理　执行"图层→新建→图层"命令,新建一个图层。单击工具箱中的"钢笔工具"按钮 ✎ ,绘制出闭合路径。按快捷键 Ctrl+Enter 将路径转换为选区,设置填充颜色为蓝色,然后单击图层面板下方的"添加图层蒙版"按钮 ▣ 添加图层蒙版,并单击工具箱中的"画笔工具"按钮 ✎ 擦出毛边的效果。在图层面板中单击"添加图层样式"按钮 *fx* ,在弹出的下拉菜单中选择"渐变叠加"选项,然后在弹出的"图层样式"对话框中设置渐变叠加的参数,如图 6.78 所示。

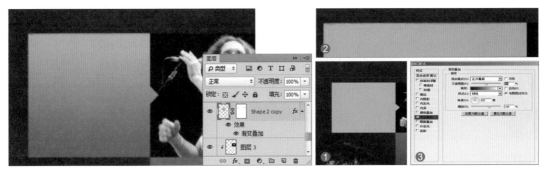

图 6.78

Step 11 制作矩形色块并进行特效处理　执行"图层→新建→图层"命令,新建一个图层。单击工具箱中的"钢笔工具"按钮 ✎ ,绘制出闭合路径。按快捷键 Ctrl+Enter 将路径转换为选区,设置填充颜色为深红色,然后单击图层面板下方的"添加图层蒙版"按钮 ▣ 添加图层蒙版,并单击工具箱中的"画笔工具"按钮 ✎ 擦出毛边的效果,如图 6.79 所示。

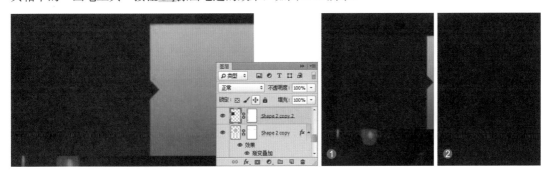

图 6.79

Step 12 添加照片素材　执行"文件→打开"命令,在弹出的"打开"对话框中选择"歌手03.psd"文件,单击将其拖曳到页面之上并调整其位置。执行"图层→创建剪贴蒙版"命令,将所选图层置入目标图层中,如图 6.80 所示。

图 6.80

Step13 调整照片的整体色调　执行"图层→新建→图层"命令，新建一个图层。单击工具箱中的"矩形选框工具"按钮 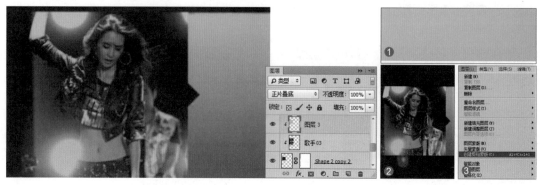，在页面上绘制矩形选区，然后设置前景色为蓝色，按快捷键Alt+Delete 对矩形选区进行填充，至此得到了蓝色的矩形色块。在图层面板中设置图层混合模式为"正片叠底"，然后执行"图层→创建剪贴蒙版"命令，将所选图层置入目标图层，如图 6.81 所示。

图 6.81

Step14 制作矩形色块并进行特效处理　执行"图层→新建→图层"命令，新建一个图层。单击工具箱中的"钢笔工具"按钮，绘制出如图所示的闭合路径。按快捷键 Ctrl+Enter 将路径转换为选区，设置填充颜色为灰色，然后单击图层面板下方的"添加图层蒙版"按钮 添加图层蒙版，并单击工具箱中的"画笔工具"按钮，擦除毛边的效果。在图层面板中单击"添加图层样式"按钮 **fx**，在弹出的下拉菜单中选择"渐变叠加"选项，然后在弹出的"图层样式"对话框中设置渐变叠加的参数，如图 6.82 所示。

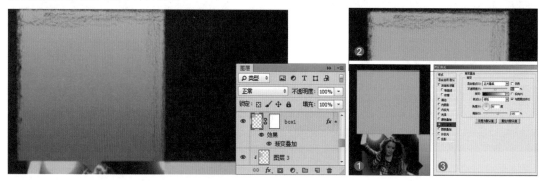

图 6.82

Step15 添加光效素材　执行"文件→打开"命令，在弹出的"打开"对话框中选择"光效素材.psd"文件，单击将其拖曳到页面之上并调整其位置，如图 6.83 所示。

图 6.83

Step16 添加背光素材　执行"文件→打开"命令，在弹出的"打开"对话框中选择"背光素材.psd"文件，单击将其拖曳到页面之上并调整其位置，然后在图层面板中设置图层混合模式为"叠加"、"不透明度"为 50%，如图 6.84 所示。

图 6.84

Step17 添加线条素材　执行"文件→打开"命令，在弹出的"打开"对话框中选择"线条.psd"文件，单击将其拖曳到页面之上并调整其位置，如图 6.85 所示。

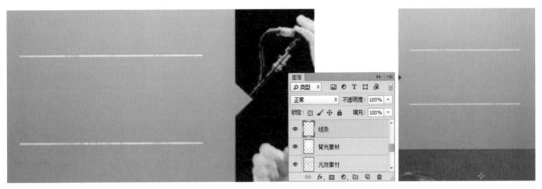

图 6.85

Step18 添加底部线条素材　执行"文件→打开"命令，在弹出的"打开"对话框中选择"底部线条.psd"文件，单击将其拖曳到页面之上并调整其位置，如图 6.86 所示。

图 6.86

Step19 添加价签素材　执行"文件→打开"命令，在弹出的"打开"对话框中选择"价签.psd"文件，单击将其拖曳到页面之上并调整其位置，如图 6.87 所示。

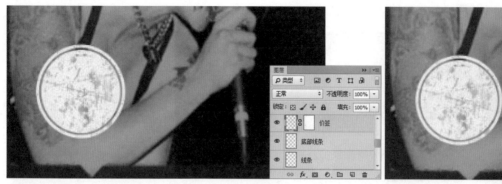

图 6.87

Step20 添加矩形素材　执行"文件→打开"命令，在弹出的"打开"对话框中选择"矩形.psd"文件，单击将其拖曳到页面之上并调整其位置，如图 6.88 所示。

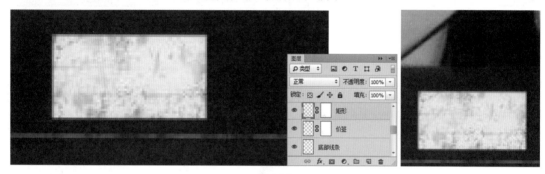

图 6.88

Step21 添加文字素材　执行"文件→打开"命令，在弹出的"打开"对话框中选择"文字.psd"文件，单击将其拖曳到页面之上并调整其位置，如图 6.89 所示。

图 6.89

Step22 添加杂色素材　执行"文件→打开"命令，在弹出的"打开"对话框中选择"杂色 1.psd"和"杂色 2.psd"文件，单击将其拖曳到页面之上并调整其位置，如图 6.90 所示。

图 6.90

Step23 制作页面的暗边　执行"图层→新建→图层"命令，新建一个图层。单击工具箱中的"套索工具"按钮 ，绘制出近似椭圆形选区。执行"选择→修改→羽化"命令，在弹出的"羽化选区"对话框中对羽化参数进行设置，将刚才绘制的选区进行羽化处理。按快捷键 Alt+Delete将选区填充为深灰色。在图层面板中设置图层混合模式为"线性加深"、"不透明度"为 50%，如图 6.91 所示。

图 6.91

Step24 添加杂色素材　执行"文件→打开"命令，在弹出的"打开"对话框中选择"杂色 3.psd"文件，单击将其拖曳到页面之上并调整其位置。在图层面板中设置"不透明度"为 67%，如图 6.92所示。

图 6.92

Step25 添加纸张素材 执行"文件→打开"命令，在弹出的"打开"对话框中选择"纸张 .psd"文件，单击将其拖曳到页面之上并调整其位置。在图层面板中设置图层混合模式为"线性加深"，如图 6.93 所示。

图 6.93

Step26 制作页面的白色边框 执行"图层→新建→图层"命令，新建一个图层。设置前景色为白色，对新建的图层进行填充。单击工具箱中的"矩形选框工具"按钮 口，在页面上绘制矩形选区，然后按 Delete 键对所选区域进行删除，如图 6.94 所示。

图 6.94

Step27 制作页面的黑色边框 执行"图层→新建→图层"命令，新建一个图层。设置前景色为黑色，对新建的图层进行填充。单击工具箱中的"矩形选框工具"按钮 口，在页面上绘制矩形选区，然后按 Delete 键对所选区域进行删除，如图 6.95 所示。

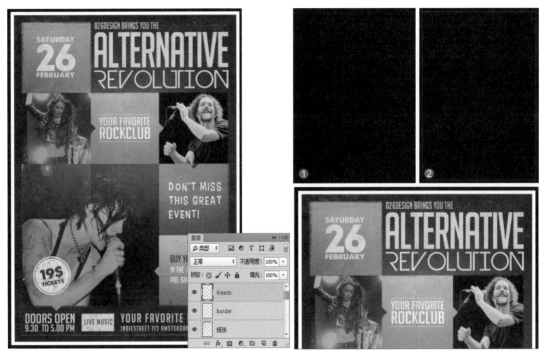

图 6.95

第 7 章

Photoshop 电商合成

Photoshop 的合成一直独领风骚，它以强大的优势被越来越多的人所喜爱，那么 Photoshop 合成又有何优势呢？本节在经过大量调研后，根据大多数电商修图用户的实际需求设置了几个合成案例，通过对抠图、修图、调色、合成等的细致讲解带给人们直观的学习体验和感受。

7.1　合成在广告设计中的应用

图像合成就是把两幅或者两幅以上的图像经过一定的处理，拼合成一幅新的作品。就像给照片换背景，或者给照片添加一些龙、凤凰、怪兽等现实生活中不可能出现的物体。在图像合成的过程中，设计者的创意思想是非常重要的。

如图 7.1 所示为素材图，和拼贴画一样，图像合成就是利用不同图像的叠加、交错和改变图像的上下顺序，再把多幅图像重新组合，形成一个新的视觉效果。

在平面设计领域里，那些叠加、交错的图像被称作"图层"。设计中的每个元素都能放置在单独的图层上，因此创作图像合成的首要任务就是了解和掌握图层功能。

在不影响其他图像的情况下，单独处理某一图层上的图像，这就是图层的主要作用。每个图层上都包含了不同的图像元素，将这些元素组合起来，就形成了一幅完整的画面，如图 7.2 所示。

图 7.1

图 7.2

　　广告就是利用别出心裁的符号组合来传达信息，把原本不相干的图像和符号合成在同一空间里，让人有耳目一新的感受。图像合成技术在广告设计中的运用非常广泛，在日常生活中人们随时都可以接触到广告中所应用到的合成技术，这些合成图像超越了想象，带给人们强烈的视觉冲击力。图 7.3 所示的就是几个广告合成案例的效果图。

图 7.3

7.2　图像合成的几个重要环节

　　在进行图像合成时需要考虑几个重要的因素，即前景和背景、图片的获取、抠图、光线匹配、调色等，它们是合成最重要的环节。

7.2.1　前景和背景的关系

　　经常有人问我，在处理图片时先从背景入手还是先从对象入手？其实这个问题没有标准答案。

对于我来说，大多数的时候会先处理人物对象，再为他们选择一个合适的背景。因为我在给别人照相的时候，有时甚至不知道背景是什么。只有在很少的时候，我在拍摄前，头脑里会预先有一个明确的背景。在进行人物拍摄的时候，我不仅会通过一些方法让其对背景产生影响，还会利用Photoshop 进行快速合成，如图 7.4 所示。

图 7.4

7.2.2 从网络中寻找需要的图片

对于一个职业摄影师，图片库在工作中是非常重要的；对于一名普通的摄影爱好者，在合成照片的时候，如果想在照片中使用一些素材，可是没有这些素材，这个时候就需要在图片库中寻找合适的素材，用到自己的作品中。例如需要一张火箭的照片，而大多数人没有拍摄过火箭，这时只需要登录 http://image.baidu.com/ 之类的网站，单击搜索"火箭"就可以了，如图 7.5 所示。需要注意的是，在图片网站里可能找不到一个纯白背景的火箭照片，此时把火箭从图片背景中直接抠出来即可。

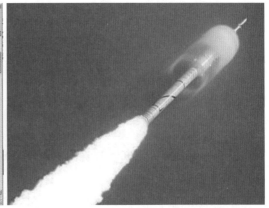

图 7.5

7.2.3 图库的建立

前面建议大家善用图片库，接下来建议大家建立自己的背景图片库，因为在开始合成图片的工作后，背景图片和其他图片一样重要。相对于在图片库网站选择一张图片来说，自己制作背景图片要好很多。

　　这个时候，或许大家会说：时刻带着你的相机。可是我在开始的时候从没有这样做过，因为我只会拍摄壮观的风景和完美的光线。当我开始制作更多合成照片的时候才发现，不管我在哪里，风景都能应用到我的作品中。于是我开始拍摄云彩、足球场、路灯、鲜花、汽车、房子、大树、风扇、书本等物体，再给它们逐一命名。因为今天所拍摄的一切都有可能用到今后的作品中，哪怕当时你根本不认为它有用。因此，就让我们尽情地拍摄吧。若是你开始拍摄背景照片，就要善于管理它们。最好建立一个"背景"文件夹，里面再包含一些子文件夹，然后再给照片取一个简单的名字。当保存的照片越来越多的时候，大家可能要使用 Lightroom，因为它能提供关键字检索、收藏等功能，如图 7.6 所示。

图 7.6

7.2.4　在 Photoshop 中抠图

　　Photoshop 最关键的一个功能是选区，照片合成的所有工作都围绕着选区来进行。没有一个好的、干净的选区，作品看起来会显得很不专业。通过前面的了解，大家可知 Photoshop 中的选区的功能非常强大，使用它可以节省合成照片的时间。因此，若想让工作变得轻松，就先安装 Photoshop，这样就不必使用"钢笔工具""合成演算"和"通道"进行选区工作了，如图 7.7所示。

图 7.7

7.3 实例：人物肌肤合成

本实例是人物肌肤合成，先使用移动工具将素材合成到一张图像中，然后执行"自由变换"命令改变素材的大小和位置，通过"曲线"和"亮度／对比度"命令改变色调，执行"蒙尘与划痕"命令减少人物肌肤的瑕疵，效果如图 7.8 所示。

扫码看微视频

图 7.8

Step01 打开文件　执行"文件→打开"命令，或按快捷键 Ctrl+O，打开 7-3(1).jpg 文件，如图 7.9 所示。

Step02 改变素材的大小　使用移动工具将素材移动到当前文档中，在图层面板下方将自动生成"图层 1"图层，按快捷键 Ctrl+T 自由变换，改变素材的大小和位置，如图 7.10 所示。

图 7.9

图 7.10

Step03 改变素材的大小　使用移动工具将素材 7-3(2).psd 移动到当前文档中，在图层面板下方将自动生成"图层 2"图层，按快捷键 Ctrl+T 自由变换，改变素材的大小和位置，如图 7.11 所示。

Step04 改变人物的大小　打开人物图片 7-3(3).jpg，将其背景抠除，使用移动工具将人物移动到当前文档中，在图层面板下方将自动生成"图层 3"图层，按快捷键 Ctrl+T 自由变换，改变人物的大小和位置，如图 7.12 所示。

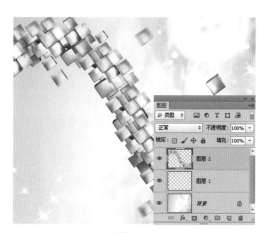

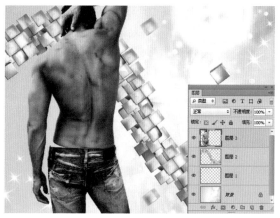

图 7.11　　　　　　　　　　　　　　　　图 7.12

Step05 增加图像明暗对比　选择"背景"图层，在图层面板下方单击"创建新的填充或调整图层"按钮 ⊘，在弹出的下拉菜单中选择"亮度 / 对比度"选项，然后设置"亮度"为 -89、"对比度"为 59，增强图像的明暗对比效果，如图 7.13 所示。

Step06 增加画面效果　在图层面板下方单击"创建新的填充或调整图层"按钮 ⊘，在弹出的下拉菜单中选择"曲线"选项，然后单击"自动"按钮，系统将自动根据图像的色调进行相应的调节，完成后再手动调节控制节点，如图 7.14 所示。

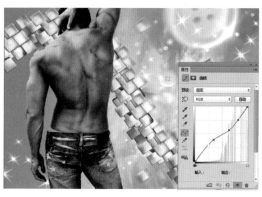

图 7.13　　　　　　　　　　　　　　　　图 7.14

Step07 增加画面色调　在图层面板下方单击"创建新的填充或调整图层"按钮 ⊘，在弹出的下拉菜单中选择"照片滤镜"选项，然后在"滤镜"下拉列表中选择"深褐"选项，调节"浓度"的参数为 24%，使背景图像的色调更加和谐，如图 7.15 所示。

图 7.15

Step08 提高人物亮度　选择"图层 3"图层，执行"图像→调整→曲线"命令，在弹出的"曲线"对话框中调节曲线，提高人物的亮度，如图 7.16 所示。

Step09 使人物皮肤细腻　执行"滤镜→杂色→蒙尘与划痕"命令，在弹出的对话框中设置参数，最后将做好的图片与电商产品图片 FX.jpg 合成即可，如图 7.17 所示。

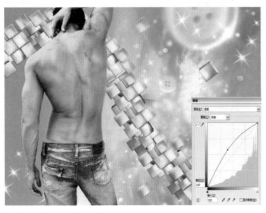

图 7.16

图 7.17

7.4　实例：奔腾骏马图合成

　　本实例是合成奔腾骏马图，先使用裁剪工具裁切图像，然后执行"垂直翻转"和"水平翻转"命令改变画面的旋转角度，执行"渐变映射"命令改变画面的色调，使用快速选择工具将素材移动到图像中，执行"亮度／对比度"和"可选颜色"等命令使素材与背景的色调统一，效果如图 7.18 所示。

扫码看微视频

图 7.18

Step01 打开背景文件　执行"文件→打开"命令，或按快捷键 Ctrl+O，打开 7-4(1).jpg 文件，如图 7.19 所示。

Step02 绘制裁剪区域　选择工具箱中的裁剪工具 ，在图像上拖曳并绘制出裁剪区域，灰色的区域是将被裁剪掉的部分，如图 7.20 所示。

图 7.19　　　　　　　　　　　　　　　　　图 7.20

Step03 裁剪图像　将裁剪的区域选好之后，按 Enter 键确认操作，将图像进行裁剪，将"背景"图层进行解锁，如图 7.21 所示。

Step04 改变图像角度　复制"图层 0"图层，按快捷键 Ctrl+T，然后单击鼠标右键，在弹出的快捷菜单中选择"水平翻转"和"垂直翻转"命令，如图 7.22 所示。

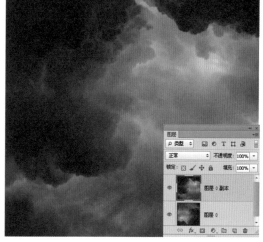

图 7.21　　　　　　　　　　　　　　　　　图 7.22

Tips

对圆形选区进行裁剪：

如果设定了圆形选区，执行这两个命令之后，留下的图像区域将和圆形选区的水平边缘和垂直边缘相切。

Step 05 添加蒙版 单击图层面板下方的"添加图层蒙版"按钮 ▢，为该图层添加图层蒙版，然后选择工具箱中的画笔工具，设置前景色为黑色，在图像上进行涂抹，如图 7.23 所示。

Step 06 改变画面色调 在图层面板下方单击"创建新的填充或调整图层"按钮 ◑，在弹出的下拉菜单中选择"渐变映射"选项，然后调节参数，如图 7.24 所示。

图 7.23　　　　　　　　　　　　　　　　　图 7.24

Step 07 调整画面色调 在图层面板下方单击"创建新的填充或调整图层"按钮 ◑，在弹出的下拉菜单中选择"可选颜色"选项，然后在"颜色"下拉列表中分别选择青色、白色、中性色和黑色进行参数的调节，如图 7.25 所示。

图 7.25

Step08 打开素材　执行"文件→打开"命令，或按快捷键 Ctrl+O，打开 7-4(2).jpg 文件，如图 7.26 所示。

Step09 建立选区　选择工具箱中的快速选择工具 ，在图像上拖曳建立选区，如图 7.27 所示。

图 7.26

图 7.27

Step10 改变大小　使用移动工具将选区移动到当前文档中，在图层面板下方将自动生成"图层 1"图层，按快捷键 Ctrl+T，调整石头的大小和位置，如图 7.28 所示。

Step11 改变图层顺序　移动"图层 1"图层到图层面板中央的部分，如图 7.29 所示。

图 7.28

图 7.29

Tips

在默认情况下，位于图层面板最底部的是"背景"图层。创建新的图层将会在"背景"图层上面依次排列。通过拖动可将图层移动到需要的位置，相应地，当前操作文档中的画面也会得到改变。

Step 12 降低画面亮度　选择"图层1"图层，执行"图像→调整→亮度/对比度"命令，在弹出的对话框中设置参数，如图7.30所示。

Step 13 打开素材，建立选区　执行"文件→打开"命令，或按快捷键Ctrl+O，打开7-4(3).jpg文件，然后选择快速选择工具 ，将马建立为选区，如图7.31所示。

图 7.30

图 7.31

Step 14 改变大小和位置　使用移动工具将马移动到当前文件中，在图层面板下方将自动生成"图层2"图层，改变马的大小和位置，如图7.32所示。

Step 15 调整图层顺序　将"图层1"图层和"图层2"图层的位置进行调整，如图7.33所示。

图 7.32

图 7.33

Step16 打开素材　执行 "文件→打开" 命令，或按快捷键 Ctrl+O，打开 7-4(4).jpg 文件，如图 7.34 所示。

Step17 使用钢笔工具绘制选区　选择工具箱中的钢笔工具 ，勾勒图像中小鸟的翅膀，然后按快捷键 Ctrl+Enter，将其转换为选区，如图 7.35 所示。

图 7.34

图 7.35

Step18 改变素材大小　使用移动工具将翅膀移动到当前文档中，改变其大小和位置，然后复制 "图层 3" 图层，得到 "图层 3 副本" 图层，并改变其旋转角度及大小、位置，如图 7.36 所示。

图 7.36

Step 19 使用画笔涂抹图像　盖印图层，生成"图层 4"图层。选择画笔工具，设置前景色为白色，在图像上方显示画笔工具的选项栏中设置不透明度参数，在图像上云层的白色地方进行涂抹，如图 7.37 所示。

Step 20 加入广告素材　在图层面板下方单击"创建新的填充或调整图层"按钮 ⬛，在弹出的下拉菜单中选择"亮度 / 对比度"选项，然后调节参数。在画面中添加产品广告素材 7-4(5).jpg 和 7-4(6).jpg，如图 7.38 所示。

图 7.37　　　　　　　　　　　　　　　　　图 7.38

7.5　实例：双十二广告合成

本实例是双十二广告合成，先使用图层混合模式将素材进行叠加，然后使用画笔工具在图像上添加光晕效果，使用自定形状工具搭配图层样式为图像添加点缀装饰，使用快速选择工具将人物选取出来，效果如图 7.39 所示。

扫码看微视频

图 7.39

Step01 新建空白文档　执行"文件→新建"命令，在弹出的"新建"对话框中设置参数，新建一个空白文档，如图 7.40 所示。

Step02 填充黑色　按 D 键，将前景色和背景色设置为默认的黑白色，然后按快捷键 Alt+Delete 为背景填充黑色，如图 7.41 所示。

图 7.40

图 7.41

Step03 移动素材，改变大小　打开素材文件 7-5(1).jpg，使用移动工具将素材移动到当前操作的文档中，并改变大小和位置，如图 7.42 所示。

Step04 对素材修饰调整　再次选择刚才打开的素材文件 7-5(1).jpg，将其拖动到当前操作的文档中，并进行调整，如图 7.43 所示。

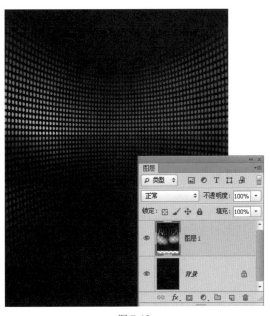

图 7.42

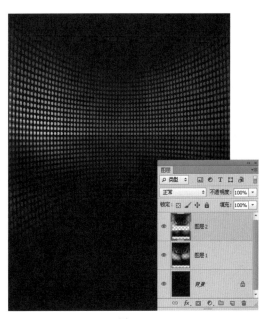

图 7.43

Step 05 改变混合模式　使用同样的方法继续将 7-5(1).jpg 素材移动到文档中，生成"图层 3"图层，将该图层的混合模式设置为"柔光"，如图 7.44 所示。

Step 06 增加画面亮度　单击图层面板下方的"创建新的填充或调整图层"按钮 **⬤**，在弹出的下拉菜单中选择"曲线"选项，然后调节参数，增加图像的亮度，如图 7.45 所示。

图 7.44　　　　　　　　　　　　　　　　　图 7.45

Tips

图层的混合模式确定了当前图像中的像素如何与图像中的下层像素进行混合，使用混合模式可以创建各种特殊效果。在默认情况下，图层组的混合模式是"正常"，这表示图层组没有自己的混合属性。用户改变图层混合模式的方法是在图层面板中从"混合模式"下拉列表中选择一个选项，或执行"图层→图层样式→混合选项"命令，然后从"混合模式"级联菜单中进行设置。

Step 07 调整人物素材　打开人物素材文件 7-5(2).psd，使用移动工具将素材移动到当前正在操作的文档中，然后按快捷键 Ctrl+T，调节图像周围的节点，改变图像的大小和位置，如图 7.46 所示。

Step 08 添加白色闪光条　新建"图层 6"图层，选择画笔工具，设置参数，然后按住 Shift 键在图像上绘制出白色闪光条，如图 7.47 所示。

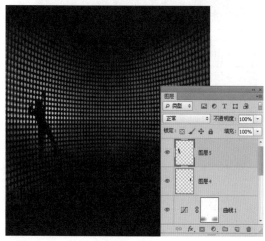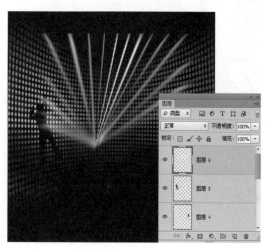

图 7.46　　　　　　　　　　　　　　　　　图 7.47

Step09 加深闪光条效果　将"图层 6"图层的混合模式设置为"叠加"，然后将"图层 6"图层进行复制，得到"图层 6 副本"图层，加深白色闪光条效果，如图 7.48 所示。

Step10 绘制星星选区　选择工具箱中的自定形状工具，在图像上方显示该工具的选项栏中设置参数，然后在图像上绘制星星选区，如图 7.49 所示。

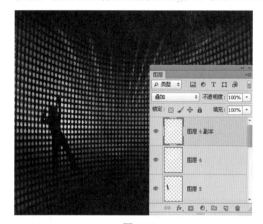 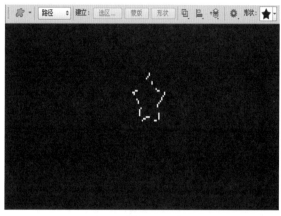

图 7.48　　　　　　　　　　　　　　　　　图 7.49

Step11 为星星填充黄色　单击工具箱中的前景色图标，在弹出的"前景色（拾色器）"对话框中设置参数，然后按快捷键 Alt+Delete 为选区填充黄色，按快捷键 Ctrl+D 取消选区，如图 7.50 所示。

图 7.50

Step12 添加外发光效果　选择"图层 7"图层，单击图层面板下方的"添加图层样式"按钮，在弹出的下拉菜单中选择"外发光"选项，然后设置参数，为星星添加外发光效果，如图 7.51 所示。

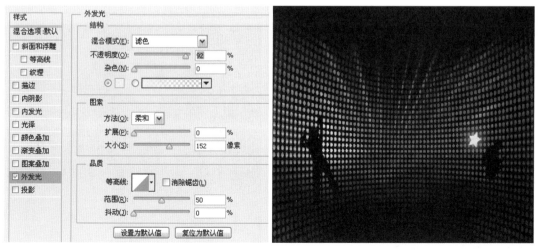

图 7.51

Step13 旋转角度 在按下 Alt 键的同时使用移动工具将星星移动到图像中其他的位置，可以对星星图像进行复制，改变其位置、旋转角度，使图像效果更加丰富，如图 7.52 所示。

图 7.52

Step14 移动素材，改变大小 打开气泡素材文件 7-5(3).psd，使用移动工具将素材移动到当前正在操作的文档中，并改变图像的大小和位置，如图 7.53 所示。

Step15 打开人物素材，建立选区 打开素材文件 7-5(4).psd，使用工具箱中的快速选择工具将人物建立为选区，如图 7.54 所示。

图 7.53

图 7.54

Step16 水平翻转人物 使用移动工具将选区移动到当前文档中，然后按快捷键 Ctrl+T，在控制框内单击鼠标右键，在弹出的快捷菜单中选择"水平翻转"命令，改变人物的大小和位置，如图 7.55 所示。

Step17 改变素材大小 再次打开素材文件 7-5(5).psd，使用移动工具将素材移动到当前正在操作的文档中，然后按快捷键 Ctrl+T，调节图像周围的节点，改变图像的大小和位置，如图 7.56 所示。

图 7.55

图 7.56

Step18 使用蒙版将不需要的部分隐藏　单击图层面板下方的"创建图层蒙版"按钮，为该图层添加图层蒙版，然后选择工具箱中的画笔工具，设置前景色为黑色，在图像上进行涂抹，将不需要的部分进行隐藏，最后加上 Logo 图片，如图 7.57 所示。

图 7.57

7.6 实例：果汁广告合成

本实例是果汁广告合成，先使用魔棒工具将素材建立为选区，然后执行"自由变换"命令改变素材的大小和位置，使用快速选择工具将人物建立为选区，使用横排文字工具输入文字，使用图层面板为文字添加效果，如图 7.58 所示。

扫码看微视频

图 7.58

Step01 新建空白文档　执行"文件→新建"命令，在弹出的"新建"对话框中设置参数，新建一个空白文档，如图 7.59 所示。

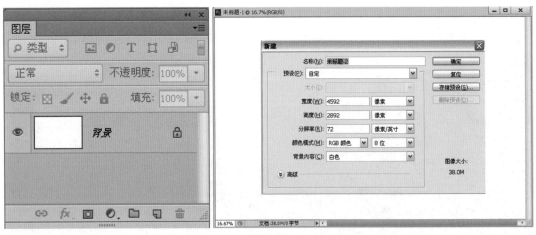

图 7.59

Step 02 打开素材，解锁背景　执行"文件→打开"命令，打开素材文件 7-6a.jpg，然后将"背景"图层进行解锁，转换为普通图层，如图 7.60 所示。

Step 03 将背景建立为选区　选择工具箱中的魔棒工具，在图像中的白色区域单击，将背景建立为选区，此时在图像上生成了蚂蚁线似的区域，如图 7.61 所示。

Step 04 删除背景　按 Delete 键将选区内的图像删除，按快捷键 Ctrl+D 取消选区，如图 7.62 所示。

Step 05 移动素材，改变大小　使用移动工具将素材移动到当前文档中，改变素材的大小和位置，在图层面板下方将自动生成"图层 1"图层，如图 7.63 所示。

Step 06 打开文件　执行"文件→打开"命令，打开素材文件 7-6b.jpg，然后将"背景"图层解锁，转换为普通图层，如图 7.64 所示。

Step 07 建立选区　选择工具箱中的魔棒工具，在图像中的白色区域单击，将背景建立为选区，在图像上将生成蚂蚁线似的区域，如图 7.65 所示。

Step 08 删除背景　按 Delete 键将选区内的图像删除，按快捷键 Ctrl+D 取消选区，如图 7.66 所示。

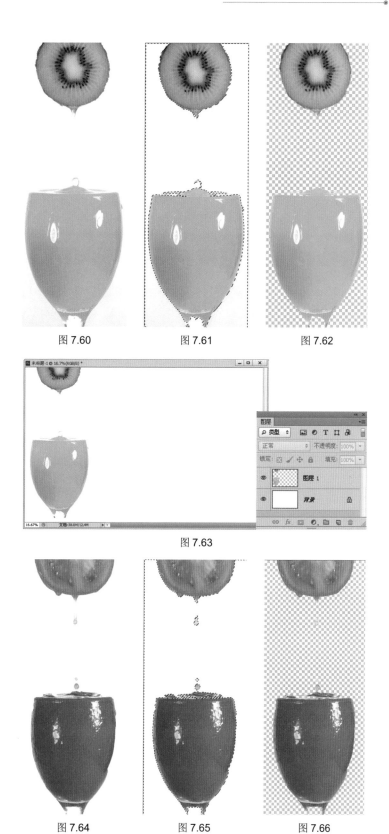

图 7.60　　　　图 7.61　　　　图 7.62

图 7.63

图 7.64　　　　图 7.65　　　　图 7.66

Step 09 绘制矩形选区　选择工具箱中的矩形选框工具，在图像上拖曳并建立一个矩形选框，将图像中的一部分内容建立为选区，如图 7.67 所示。

Step 10 移动选区，改变大小　使用移动工具将素材选区内的图像移动到当前文档中，在图层面板下方将自动生成"图层 2"图层，按快捷键 Ctrl+T，改变素材的大小和位置，如图 7.68 所示。

图 7.67　　　　　　　　　　　　　　　　　　　图 7.68

Step 11 绘制选区　选择矩形选框工具，将图像中上半部分的内容也建立为选区，如图 7.69 所示。

Step 12 改变素材大小　使用移动工具将素材选区内的图像移动到当前文档中，在图层面板下方将自动生成"图层 3"图层，改变素材的大小和位置，如图 7.70 所示。

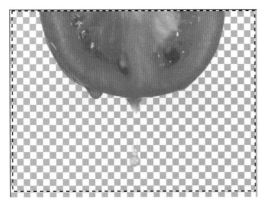

图 7.69　　　　　　　　　　　　　　　　　　　图 7.70

Tips

取消选区有三种方法，一是执行"选择→取消选择"命令；二是选择任意选区创建工具，在图像中的任意位置单击鼠标左键即可取消选区；三是按快捷键 Ctrl+D，这是最常用也是最快捷的取消选区的方法。

Step 13 打开素材　按快捷键 Ctrl+O，打开素材文件 7-6c.jpg，然后在按住 Alt 键的同时双击"背景"图层，将"背景"图层解锁，转换为普通图层，如图 7.71 所示。

Step 14 建立选区，删除背景　选择工具箱中的魔棒工具，在图像中白色的背景上单击，将图像中的白色背景建立为选区，然后按 Delete 键将其删除，如图 7.72 所示。

Step 15 移动素材，改变大小　使用同样的方法将素材移动到当前文档中，改变素材的大小和位置，在图层面板下方将生成"图层 4"图层，如图 7.73 所示。

图 7.71　　　图 7.72

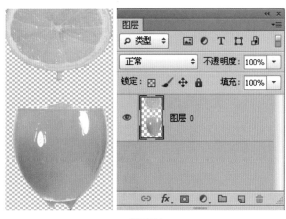

图 7.73

Step 16 删除背景　按快捷键 Ctrl+O，打开素材文件 7-6d.jpg，将"背景"图层进行解锁，得到"图层 0"图层，然后使用同样的方法将素材中的白色背景删除，如图 7.74 所示。

Step 17 绘制矩形选区　选择工具箱中的矩形选框工具，在图像上拖曳并建立一个矩形选框，将图像中的一部分内容建立为选区，如图 7.75 所示。

Step 18 移动素材，改变大小　使用移动工具将素材选区内的图像移动到当前文档中，按快捷键 Ctrl+T，改变素材的大小和位置，如图 7.76 所示。

图 7.74

图 7.75　　　　　　　　　　　　图 7.76

Step19 移动素材，改变大小　使用同样的方法将素材中其他的部分建立为选区，将其移动到文档中，改变大小和位置，如图 7.77 所示。

Step20 打开文件　打开素材文件 7-6e.jpg，将其进行解锁，转换为普通图层，得到"图层 0"图层，然后将白色背景删除，如图 7.78 所示。

图 7.77　　　　　　　　　　　　　　　　　　　　　图 7.78

Step21 为图像添加人物　将素材移动到当前文档中，改变素材的大小和位置，为图像添加人物，使画面更加丰富，如图 7.79 所示。

Step22 打开素材　打开 7-6f.jpg 文件，将"背景"图层进行解锁，得到"图层 0"图层，如图 7.80 所示。

图 7.79　　　　　　　　　　　　　　　　　　　　　图 7.80

Step23 将人物建立为选区　选择工具箱中的快速选择工具，在人物身上拖曳并建立选区，将人物部分建立为选区，如图 7.81 所示。

Step24 自由变换素材大小　在选区建立完成后，使用移动工具将素材移动到当前文档中，在图层面板下方将自动生成"图层 8"图层。按快捷键 Ctrl+T，或者执行"编辑→自由变换"命令，在图像四周会出现可调节的节点，按住 Ctrl 键可等比例放大或缩小图像，这里改变素材的大小和位置，如图 7.82 所示。

图 7.81

图 7.82

Step25 绘制背景渐变色　选择"背景"图层，然后选择工具箱中的渐变工具，在图像上面显示渐变工具的选项栏中单击"点按可编辑渐变"按钮 ▢▢▢▢ ▾，在弹出的"渐变编辑器"中编辑由白色到浅蓝色的渐变条，渐变条设置完成后，在背景上拖曳就可以为背景添加渐变色，如图 7.83 所示。

Step26 改变素材大小　打开素材文件，使用移动工具将素材移动到当前文档中，在图层面板下方将自动生成"图层 9"图层。执行"编辑→自由变换"命令，在图像四周会出现可调节的节点，按住 Ctrl 键可等比例放大或缩小图像，改变素材的大小，并拖动其到合适的地方，如图 7.84 所示。

图 7.83

图 7.84

Step27 添加文字　选择工具箱中的横排文字工具，在图像上方出现横排文字工具的选项栏中分别设置文字的字体、大小等属性，设置完成后在图像上输入文字，如图 7.85 所示。

Step28 为文字添加效果　选择文字所在的图层，单击图层面板下方的"添加图层样式"按钮，在弹出的下拉菜单中选择"描边"选项，然后在弹出的"图层样式"对话框的左侧列表中分别选择"斜面和浮雕""阴影""渐变叠加"选项，进行参数的调节，为文字添加效果，如图 7.86 所示。

图 7.85

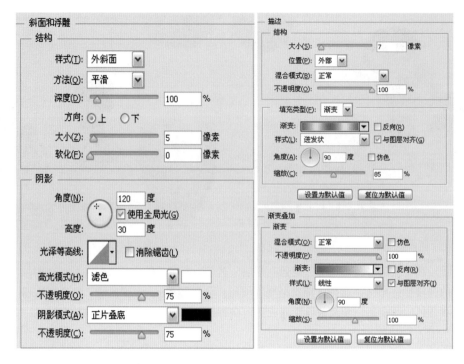

图 7.86

7.7　实例：啤酒广告合成

　　本实例是啤酒广告的合成，首先新建文件，使用渐变工具为背景填充渐变色，然后拖入素材文件，使用画笔工具进行涂抹，改变素材的色调，使用图层混合模式使背景与素材进行融合，再执行"自由变换"命令改变素材的大小到合适的尺寸，以完成画面的统一，效果如图 7.87 所示。

扫码看微视频

图 7.87

Step 01 新建空白文档　执行"文件→新建"命令或按快捷键 Ctrl+N，在弹出的"新建"对话框中设置参数，单击"确定"按钮，新建一个空白文档，如图 7.88 所示。

图 7.88

Step 02 为背景添加渐变色　选择工具箱中的渐变工具，在图像上方显示渐变工具的选项栏中单击"点按可编辑渐变"按钮，在弹出的"渐变编辑器"中设置渐变色，然后在图像上拖曳并绘制渐变色，如图 7.89 所示。

Step 03 拖动素材到背景中，改变大小　打开素材文件 7-7a.psd，使用移动工具将素材移动到当前操作的文档中，在图层面板下方将自动生成"图层 1"图层，按快捷键 Ctrl+T 改变素材的大小，并调整其位置，如图 7.90 所示。

图 7.89

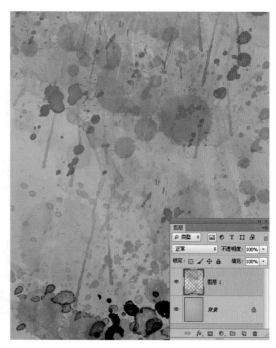

图 7.90

Step 04 使用画笔涂抹，改变色调　新建"图层 2"图层，单击工具箱中的前景色图标，在弹出的"前景色（拾色器）"对话框中设置参数，然后选择柔角画笔，在图像上进行涂抹，如图 7.91 所示。

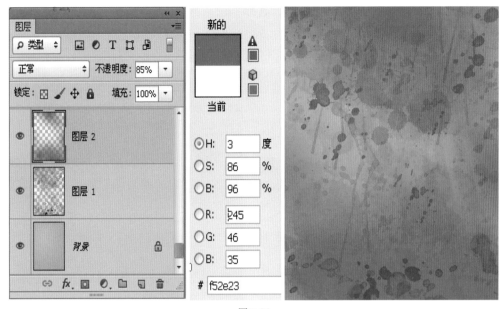

图 7.91

Tips

准确地设置颜色值：

如果用户知道所需颜色的值，可在颜色模式右侧的文本框中输入数值来精确地定义颜色，例如可以指定 R（红）、G（绿）和 B（蓝）的颜色值来确定显示颜色，指定 C（青）、M（洋红）、Y（黄）和 K（黑）的百分比来设置印刷色。

Step 05 改变前景色，使用画笔涂抹　新建"图层 3"图层，单击工具箱中的前景色图标，在弹出的"前景色（拾色器）"对话框中设置参数，然后选择柔角画笔，在图像上进行涂抹，如图 7.92 所示。

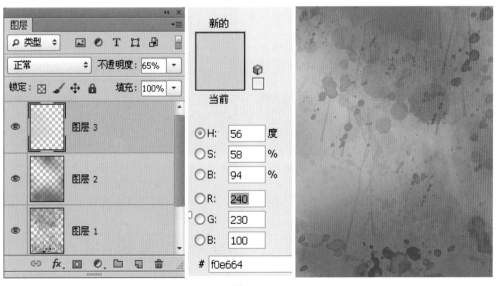

图 7.92

Step 06 移动素材，改变大小　打开素材文件 7-7b.psd，使用移动工具将素材移动到当前操作的文档中，改变素材的大小和位置，并将该图层的混合模式设置为"线性光"，如图 7.93 所示。

Step 07 重命名组名称　新建组，将其重命名为"花"，然后将素材拖曳到该文档中，改变大小和位置，并将"图层 5"图层移至新建的组中，如图 7.94 所示。

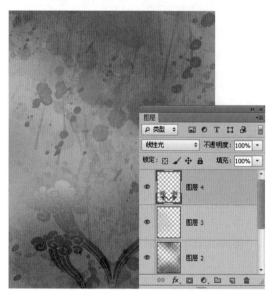

图 7.93

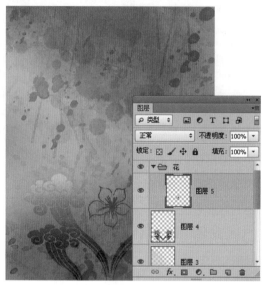

图 7.94

Step 08 移动素材，改变旋转角度　将"图层 5"图层进行多次复制，分别移动该素材到不同图像中的不同位置，改变其大小及旋转角度，如图 7.95 所示。

Step 09 拖入啤酒素材，改变大小　将啤酒素材 7-7c.psd 移动到当前操作的文档中，在图层面板中将生成"图层 6"图层，改变该素材的大小和位置，如图 7.96 所示。

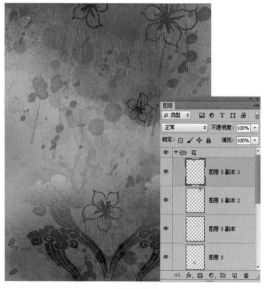

图 7.95

图 7.96

Step 10 将素材拖入组中　新建组，将其重命名为"其他元素"，然后将素材拖曳到该文档中，改变大小和位置，并将"图层 7"图层移至新建的组中，如图 7.97 所示。

Step 11 复制图层，改变大小　将"图层 7"图层拖曳至图层面板下方的"创建新图层"按钮上，新建"图层 7 副本"图层，并改变素材的大小和位置，如图 7.98 所示。

图 7.97　　　　　　　　　　　　　　　图 7.98

Step 12 多次复制图层　使用同样的方法将该图层进行多次复制，然后按快捷键 Ctrl+T，分别改变其素材的大小、位置和旋转角度，如图 7.99 所示。

Step 13 改变图层混合模式　将"图层 1"图层进行复制，拖曳到图层面板的上方，将"图层 1 副本"图层的混合模式设置为"柔光"，如图 7.100 所示。

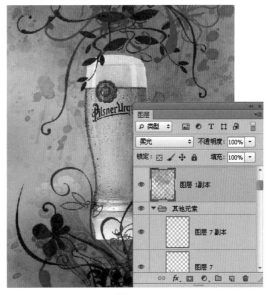

图 7.99　　　　　　　　　　　　　　　图 7.100

Step 14 设置前景色　新建图层，单击工具箱中的前景色图标，在弹出的"前景色（拾色器）"对话框中设置参数，然后选择柔角画笔，在图像上进行涂抹，如图 7.101 所示。

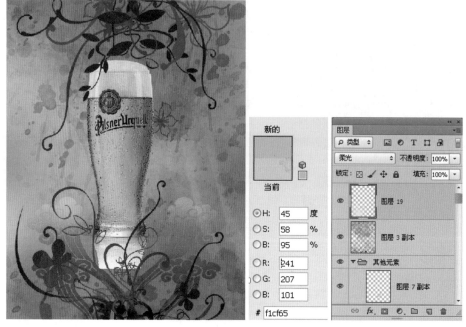

图 7.101

Step 15 用画笔绘制蝴蝶　再次新建图层，选择工具箱中的画笔工具，在图像上方显示画笔工具的选项栏中选择蝴蝶画笔，在图像上单击，可在图像上绘制出蝴蝶效果，如图 7.102 所示。

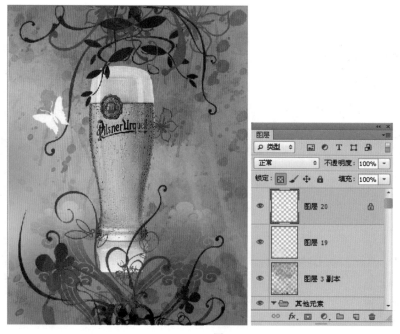

图 7.102

Step16 改变笔头大小，继续绘制蝴蝶　按住键盘上的"{"键，改变画笔笔头的大小，然后在图像上进行蝴蝶绘制，如图 7.103 所示。

图 7.103